U0011114

貓詩人 谷柑的 抗癌旅程

You're my sunshine

犬貓腫瘤科醫師吳鈞鴻 、
春花媽攜手協助家長面對毛孩疾病，
從醫療到居家照護的全方位癌寵指南

犬貓腫瘤科獸醫師 吳鈞鴻　審校顧問

谷柑 · 谷柑媽 · 谷柑爸 ·
吳鈞鴻 · 春花媽 合著／**谷柑爸** 攝影

作者序

004　**谷柑**｜當一個有黑點的小太陽，也還是小太陽

008　**谷柑媽**｜谷柑是我的禮物，是這個世界的禮物

009　**谷柑爸**｜生命的任何改變，都是為了蛻變出更好的樣貌

010　**犬貓腫瘤科獸醫師 吳鈞鴻**｜我和谷柑不平凡的相遇

011　**動物溝通師 春花媽**｜疾病不是我們選的，愛才是

第一章｜媽媽寫給谷柑的情書

014　在那一天到來之前，讓我們盡情相愛

第二章｜谷柑醫療日誌＆谷柑與醫師的通信

038　當回診與吃藥成了日常

第三章｜小吳醫生給家長的癌症治療建議

078　癌寵家長最常問的 10 個 QA

080　當疾病來敲毛孩的門

083　腫瘤的醫療抉擇

106　關於緩和治療

114　什麼時候「是時候了」？談安樂死

第四章 | 春花媽與胖咪的抗癌之路

118 你我一樣，只是想要好好陪伴動
     物的家人

第五章 | 春花媽的居家照護分享

138 居家照護與外出就診

152 安寧照護，好好說再見

155 給家長的最後建議

第六章 | 爸爸寫給谷柑的情書

158 重新看到勇氣的模樣

當一個有黑點的小太陽，也還是小太陽

春花媽：「其實我有想過，如果可以，我希望你不用出這本書。」

谷柑笑了一下：「乾媽～我懂，妳就是這樣的人。」

春花媽花輪式甩髮了一下：「但是你實在太想紅了，只好還是出了！」

谷柑：「才不是咧～這是乾媽愛我的方式，也是愛我媽媽和『那個』的方法，讓我們不要一樣黑黑的。」

春花媽：「對啊，如果大家都不要經歷黑黑的，該有多好。」

谷柑：「如果以前谷柑不是從黑黑的地方出來，我不會知道世界上有媽媽這種人，會這樣、這樣、這樣地愛我！」

春花媽：「如果一直不知道，搞不好也不會生病。」

谷柑停了一下，想了很長一會兒：「乾媽，很誠實的說，我還是不喜歡生病，但是我沒有不喜歡因為生病後發生的事情。想到生病後遇到小吳醫生、我愛的小君，還有好多喜歡我的助理姊姊，原來喜歡我的人，這麼多、這麼多……」

春花媽冷眼：「所以你還想要更多啊？」

谷柑：「對啊！因為我是谷柑，大家的小太陽谷柑。」

春花媽傻眼嘆氣往後倒。

我是谷柑，一個超可愛的橘貓。我會寫詩，有很愛我的媽媽跟有用的「那個」爸爸，家裡還有兩個妹妹，一個是漂亮但很兇的荳荳，一個是只有外表跟我長得很像的蜜柑。以前我們家還有橘白色的椪柑妹妹，但是她現在在動物王國等我，雖然她很遠，但還是我的妹妹。

我生病很久了，久到我有時候也會忘記我生病了，因為爸爸媽媽從一開始很緊張，讓我說不出口我生病，到後來，去醫院看小君跟小吳醫生，好像……我原本就是長這個樣子的，而我們家好像本來就是這樣生活的。但是，隨著要吃的藥變多，隨著「那個」爸爸會用有點困惑的語氣、有點困惑的跟媽媽還有乾媽討論，我知道，其實因為我生病，我不一樣，家裡也不一樣了。

生病不是一件太好的事情，但是我生病以來都是發生好事，我想是因為我真的太可愛了。

我生的病不是可愛病，只是我自己可愛，我生的病叫做「ㄓㄨㄥˇㄌㄧㄡˊ」。

一開始有奇怪的吐，吐出奇怪的顏色跟臭臭，乾媽就帶著媽媽跟「那個」，帶我去看不一樣的醫生，但是我只喜歡小吳醫生。我喜歡他看到我的時候，身體會微微地往前、對我笑，然後叫我「谷柑～」。我覺得他的眼睛跟他的心都亮亮的，他跟我一樣，是一種太陽。他的聲音比我的再厚一點點，比爸爸再正經一點，聽起來很安心，然後我就跟乾媽說，我想請他陪我生病，我在心裡叫他「小吳醫生」，這樣叫他的我，很開心、很舒服。

每次看病，小吳醫生跟我愛的小君都會跟我講很多話，他們也跟媽媽還有爸爸說很多話。每次這種時候都是小君抱著我，小君愛我就跟我愛小君一樣多，於是就算有時候聽到很難的話，我知道媽媽心裡開始破洞，或

是爸爸聽了會變小……，但是小君抱著我，我就會覺得好一點，因為ㄓㄨㄥˇ ㄌㄧㄡˊ 這種病，好像只會一直變大、變多，跟乾媽家的貓一樣，而且還會長在不一樣的地方。為什麼會這麼活潑呢？但是跟乾媽家的貓不一樣，不是都是綿小花那種可愛軟綿綿的女生，是會壓到讓我想吐，或是大到讓我沒力氣的，ㄓㄨㄥˇ ㄌㄧㄡˊ 真的好惡霸唷！

有一天我問乾媽說：「ㄓㄨㄥˇ ㄌㄧㄡˊ 找上我、是不是因為我很多人愛，他也想要愛我？」

那天，乾媽在哭，因為阿咪呀也因為ㄓㄨㄥˇ ㄌㄧㄡˊ 長太大而離開了自己身體，谷柑坐在乾媽旁邊，等她醒來回我話。乾媽哭了很久，她問我：「你會愛你的ㄓㄨㄥˇ ㄌㄧㄡˊ 嗎？」

「會啊！因為ㄓㄨㄥˇ ㄌㄧㄡˊ 讓很多人更愛我，他只是不知道自己有點太粗魯了，認識我的時候擠太大力，這樣我會死掉、跟阿咪呀一樣會死掉。」

「谷柑會怕死掉嗎？」我低著頭，想了很久。

「乾媽你現在很痛，是嗎？」

「是啊，痛很大，還會痛很深，也可能會痛很久。」

「那乾媽你也得了ㄓㄨㄥˇ ㄌㄧㄡˊ 了啊？」

「可能唷～」

我抬頭笑了出來：「乾媽，這樣會有很多人愛你，會有像小君那樣溫柔的懷抱可以抱著你了！」

乾媽苦苦地笑了一下說：「不生病還是比較好唷，谷柑。」

不生病會比較好嗎？我現在其實不知道，因為我已經生病了，家裡面也因為我生病，大家都改變了。到底是因為我生病改變了？還是大家因為珍惜彼此而一起改變呢？我看著追逐的妹妹、抱著我的媽媽跟幫我拍照的「那個」，我想是因為生病讓我們都變得不一樣了，如果大家都可以一邊變老、一邊變得不一樣，那ㄓㄨㄥ ˇ ㄌㄧㄡ ˊ 其實也是一種改變的方式而已。雖然我會不舒服，但我沒有不喜歡，因為我的家人都跟我一起改變，那ㄓㄨㄥ ˇ ㄌㄧㄡ ˊ 也是我現在的家人吧。雖然不知道怎麼跟他說「不要對我太壞」，但是就算是妹妹，也常常講不聽。即使如此，媽媽跟「那個」也還是愛我們的、也還是在的，所以ㄓㄨㄥ ˇ ㄌㄧㄡ ˊ 就算壞一點也沒關係吧？

乾媽要我們把跟ㄓㄨㄥ ˇ ㄌㄧㄡ ˊ 的故事說出來。她說，這會給很多像我們一樣的人力氣，讓他們知道，我們都有不知道該怎麼辦的時候，有低低的時候，但我們也不要忘記，我們都是有力量的，都是可以勇敢的，而且這裡面有愛喔，有很多愛。

以前去醫院，都是我跟阿咪呀說沒關係，現在換她跟我說「沒事啦！」每一次，她都會跟我去醫院看小吳醫生，只是現在她坐在小吳醫生的腿上，我在小君的懷抱裡，看病好像也不是什麼很難的事情。我當一個有黑點的小太陽，也還是小太陽，對吧？

你們喜歡谷柑現在的樣子嗎？

谷柑喜歡，你們也可以喜歡唷！

谷柑
2023.07.26

谷柑是我的禮物，是這個世界的禮物

書中，在寫給谷柑的情書篇章最後，我跟谷柑說好，要盡情相愛到最後一天。

原本以為那一天還在遙遠的未來，卻在這本書將完成之際，那樣的一天猝不及防地到來，谷柑已離開他的肉身，輕鬆安穩地踏上彩虹橋、走入動物王國。

谷柑是我此生最珍貴的一份禮物，他豐滿了我的生活，甜蜜了我的日常，他教我愛、給予了無條件的愛。與此同時，不論是身而為貓或是身為一位腫瘤患者，谷柑面對這個世界的態度始終大氣：他要散播正向能量，散播愛。因此，在最後的時刻，谷柑還很自信地說，不論他去了哪，依然會是大家心中最亮的小太陽。

我所能做的，是以愛回應他的愛，所以我支持所有他想做的事，完成他的心願。於是這樣的一本書，在這樣的時刻，仍是如期出版。這本書是谷柑的心意，是他想留在這個世界的禮物，希望能陪伴一些朋友走過不那麼好走的路。

這不是一本太愉快的書，裡頭很誠實地記錄下我們與谷柑一起走過的抗癌歷程，然後斷點在最近一次的療程裡。也想跟大家說明，最終帶走谷柑的，不是腫瘤，是胰臟的發炎，是長期作戰而老化疲憊的身體。

能與谷柑一起走過這些年，是我們的幸運，最終也成了他的一份心意，希望這本書能如同陽光照拂，給予需要的人暖意。

生命的任何改變，都是為了蛻變出更好的樣貌

2023.09.04 谷柑住院 Day 1

「⋯⋯谷柑在他最愛的『阿飛』車裡爬上爬下，躺在他最愛的前座角落，小聲的跟阿飛說他要去住院了，可能有幾天不能天天坐著阿飛去接媽媽上下班⋯⋯」

谷柑生病的這四年，手機備忘錄習慣記錄著關於谷柑的一切，來不及記下的是那一天，谷柑離開了他的身體。這趟旅程我以為還能與谷柑繼續走下去，只是他年邁的身體，努力控制了腫瘤與病情，卻扛不住這一次胰臟的急性發炎。

是啊～我們都忘記彼此都老了，因為谷柑的腫瘤病情控制得太好，好到我們幾乎忘記了他是生病的小貓咪。這孩子連離開都安排得如此偶像劇：身邊有著疼愛他的小吳、小君醫生與媽媽，像是睡著的神情依舊帥氣。我揉著他漸漸沒有血色的肉球，在他耳邊輕聲說話，心跳檢測儀器的聲音就像電影裡演的那樣，撕裂了所有人的理性。

王家大少爺，谷柑，是一隻很有愛的貓。他相信用愛可以改變這個世界，他手掌中的文字出書成冊，將生活與愛寫成詩。生病之後，他甚至參與一些病症計畫，希望未來動物生病可以有更先進的治療，而這本書記錄著我們一家面對生病後的酸甜苦辣，還有「愛」。生病或許會讓貓／人衰老，但也曾讓貓／人脫胎換骨，變得更好。我相信生命的任何改變都是為了蛻變出更好的樣貌，希望這裡面的文字能像谷柑小太陽一樣，時刻溫暖書前的你們。

那個
谷柑爸

我和谷柑不平凡的相遇

　　某天的下午，隔一道門外面還有三隻病患在等著我看診，我手中拿著其中一隻貓的血檢單，但我並沒有馬上走出去。我看了看身旁另一位腫瘤科醫師，他正在更新病患的病歷資料，便隨口問問他正在看的病患是什麼樣的狀況。

　　我們稍微交流了意見，也彼此抒發一點鬱悶——這就是我的日常，一般家長看不到的某個時刻。我也知道應該要趕快打開那道門，後面還有人在等，即便十幾年了，有時仍需要深呼吸才能提起腳步。

　　一走出這扇門後，我們是專業獸醫師，要引導家長接受並面對接下來所有的事情，幫助他們做出不後悔的決定。每一天每一天、每一次每一次，再怎麼不起眼的某日，都是每一個病患重要的時刻。所有的無常總是在平凡的日常中出現，而我的使命除了發現和治療癌症，也是為了減輕病患將要面對的痛苦而存在！在某一個平凡的日子，我和谷柑也不平凡的相遇了。

　　谷柑絕對是我診治的病患中，最特別、最乖巧、最愛粉紅色、最媽寶的一隻貓。透過翻譯（動物溝通），他提了很多問題，說了很多心情，我也試著跟他對話書信。

　　和腫瘤病患有長時間的緣分並不容易，我很感恩我們有一段不短的時間，可以互相認識變成朋友，並且一起對抗黑黑。回過頭來看我才發現，原來我們的故事看起來暖暖的，希望這股暖流可以讓更多家長獲得面對黑黑的勇氣。

犬貓腫瘤科獸醫師　吳紆瑢

疾病不是我們選的，愛才是

當一個人，如果有很多不情願，我們很容易過得去：放縱自己吃一大頓、瘋狂地去追劇，或是去旅行一趟……。只要離開本來的漩渦，我們都有機會好一點。但是遇到養育、或是說陪伴動物的時候，這個漩渦會輕盈得一如漣漪，直到我們都分離，依舊是在心中起伏。

養動物是一種與愛相遇的過程。很多可以過去的事情，往往變得不容易，像是面對身體上長期的疾病，這是讓關係遭受挑戰的開始。久病無孝子這句話，真的一點都不是誇張的語言，更何況我們通常都稱呼動物夥伴「孩子」！也因為是孩子，當我們有天竟然需要陪伴他經歷生死，這一切顯得更不可思議。

我們連自己怎麼來的都還沒搞懂，竟然要陪伴一個生命的死亡！那個抱在懷中、在我臉上呼嚕，每天要我鏟屎、吃飯要我陪伴的傢伙，竟然因為生病就不要我了？

你是不是也想過：怎麼你會生病，然後就選擇疾病，不要我了？

我也這樣問過胖咪。後來我發現，他們是要我的，孩子一直都是需要我的。就是因為需要我，知道我這個愚笨的人類，就算什麼都不會，在遭遇他生病的時候，我會好好的陪伴他；就算邊哭邊抱怨，我還是那個痴心而無畏的笨蛋媽媽。

很多時候疾病是沒道理的，唯一的道理就是我遇到了—因為我們承受得起，這是孩子選擇我們的原因。

　　所以這本書，想要獻給所有最有勇氣的爸媽哥姐，因為疾病不是我們選的，愛才是。

　　與動物的相遇，從來就是重逢的相愛。為此，每天、每次都可以盡情付出。我喜歡你任何時候的樣子，一如你眼中映現的我，一直都是最愛你的樣子。

動物溝通師·谷柑乾媽　春花媽

第一章

媽媽寫給谷柑的情書

在那一天到來之前
讓我們盡情相愛

在那一天到來之前，讓我們盡情相愛

谷柑，在那一天到來之前，我們就盡情相愛吧！

讓我一直映在你的眼底，

讓你的毛髮一直附在我身上、黏在我的衣物上、提包上，

讓我們一起將每一天，

都過得甜蜜如常。

谷柑媽

我們的谷柑有腫瘤

能夠領養到谷柑，讓身邊愛貓／不愛貓的朋友們都很羨慕。

因為谷柑的外表是可愛帥氣的零死角橘貓，因為他無可挑剔的個性；因為他愛我，他最愛我；因為當他聽見我呼喚「谷柑」時，他會直奔我而來，毫不遲疑。更實際一點來舉例好了，不論要梳毛、剪指甲、刷牙、擦耳朵，或是要餵藥、出門看醫生，以及平日不定時的各式強抱、吸貓與擼貓，谷柑這孩子幾乎從不掙扎反抗，總是一臉溫順地配合完成。

除此之外，谷柑更是有著好習慣的貓。

吃飯不怎麼挑食，貓砂也總是蓋得周到，每次進家門還會受到他的熱烈歡迎，搭配無敵蹭蹭加上雷聲一般的呼嚕！看著他，我總是滿心歡喜與感激，覺得被寵愛眷顧，深感日常俗世裡各種煩人屁事根本不算件事了。

自從谷柑回家後，我們過著幸福快樂的日子，因為谷柑深深信任著我

們，給予我們全部的愛，我們自然也報以滿滿的愛，當然還有貓食不缺的物質生活。不過，「從此過著幸福快樂的日子」這樣不切實際的童話結局，從來就只存在於童話，人生與貓生必將遭遇的才真正是現實。

在我們一起生活很久以後的某一天，谷柑出現了不正常的嘔吐⋯⋯

谷柑吐了，那頻率與顏色都不對勁

在谷柑之前，我並沒有養狗養貓的經驗，因此在正式把谷柑帶回家之前，確實有點擔心：擔心自己是否能負起責任、照料得當，擔心自己不懂貓的習性，不知如何因應與防範各種可能的意外變故。此外，家裡多了一個成員，總是有些生活習慣得調整，但，我們真的很幸運。

谷柑適應家裡環境極快，基本上也是跟著我們作息的貓，睡前習慣在家裡跑跑滑滑一輪，有時也開心地唱唱歌，偶爾會陪睡一下再出房門玩耍，如此與我們度過了許多年。直到某天清晨，淺眠的我聽到不正常的乾嘔聲，立刻奔出房間尋找聲音來源，於是發現地上一灘嘔吐物。

貓咪會嘔吐，是正常也是不正常。有時因為吃飯太快，有時遇上換季又舔毛舔得太多，基本上可以從吐出來的內容物與顏色去做初步判斷，谷柑不是第一次嘔吐，卻是第一次吐出這麼不一樣的、土褐色的泥狀。當下有點緊張，立刻抱起谷柑觀察一番，所幸他精神依然抖擻，後來吃飯喝水如廁也皆正常，因此就不以為意。但幾天後，同一套的劇碼又上演了。

時值谷柑年度健檢的日子，想著很快就要給老王醫師檢查了，心裡稍稍安定了些，不斷反覆告訴自己應該是沒問題。果然，健檢報告一切如常，檢驗的各項數值都在標準裡，體重也控制得很好，是健康寶寶一枚，因此關於那嘔吐，老王也有點疑惑，初步診斷可能是胃有點發炎潰瘍，開了些藥，讓我們持續觀察。

長年胃弱，得過各種胃的毛病的我當時想，谷柑真是我親生親養的孩子哪！畢竟一直以來我就是個胃弱人，與胃相關的用藥我沒有停過，回家

路上於是還跟谷柑打趣說：「沒關係啊，我們吃吃藥就會好，以後就一起跟媽媽吃胃乳，一起養好胃吧。」

健檢認證的健康寶寶，但疾病還是來敲門了

服藥的那陣子，谷柑的狀況穩定了下來，不再嘔吐，食慾、精神、體重與大小便也都正常，依然是可愛帥氣的模樣，我真的以為谷柑恢復健康了。直到某天清晨，那乾嘔聲再次嚇醒了我，我直覺，這樣真的不對勁。

二話不說，我立刻又約了老王的回診，另一方面，我也不斷上網查訊各種關於貓咪可能的嘔吐原因，除了胃的問題，是否有其他可能？譬如胰臟炎？心絲蟲？又或者還有什麼我沒查到的。後來回想，那雖然是不斷驚嚇自己的過程，卻也是不斷預先建立好自己面對可能打擊的心理狀態。

在老王那裡，重新做了一些檢查，先排除了一些恐怖的可能（但也留下更恐怖的可能）。心急如焚的我，同時安排了心臟專科的檢查，希望再排除掉心絲蟲一類的可能，儘管貓咪罹患心絲蟲的機率極低。

頻繁的就診與各式各樣的檢查，每次都要將自己心裡的忐忑用力強壓住，告訴自己，再緊張不安，都不可以流露出來讓谷柑感受到，因為這些過程，最為難辛苦的對象真的是谷柑哪。觸診、抽血、採樣、被安置在各式儀器下的檢查……，而他一如往常的溫柔配合，讓醫師與醫助每回都鬆了一大口氣。也真的多虧有谷柑的好脾氣與穩定，每一次的出門，我也會想做是一次次與他的城市小旅行，與他多走過了一些地方，多認識了一些醫師朋友。

回想那些到處檢查與等待檢查結果的日子，時光既快也慢，總感覺匆匆又煎熬著。金錢的流失事小，但每排除一項可能，心理壓力其實更大，因為僅剩的幾種結果，都不是那麼好的。總歸到最後，在排除了各種可能後，老王做出了「懷疑可能是腫瘤」的結論，也因此需要進一步將採樣送驗。

人生的每一段經歷裡若真的都有背景音，那時我身邊的音效一定是雷聲大響，撼動著我的全世界。

可我沒有時間等著雨落下，當務之急，我得為谷柑找到最好的腫瘤科醫師。

高度惡性淋巴瘤 —— WTF

從小我就很喜歡查字典，或是在圖書館裡檢索各類文件書籍，那倒也不是什麼興趣，只是喜歡那搜尋的過程，以及「找到了」後的小小自我滿足。進入網際網路時代，有了搜尋引擎後，這樣的喜好依然不變，經常也會覺得，這世界沒有什麼是找不著的資訊。

在谷柑被診斷為疑似有了腫瘤後，一方面與摯友、同時是谷柑的乾媽——春花媽聯繫；另一方面開始在茫茫網海裡瘋狂搜尋腫瘤科醫師與貓咪腫瘤的相關資訊，似乎讓自己耽溺在那樣龐雜的資訊海裡，才讓人可以稍微假裝自己很正常。但明明，我的日常已然失常。

在那樣的日子裡，時間並不伴著人失序，依然一刻刻向前走去，而工作依然照常進行。也唯有忙碌的上班時光、不在家的日子，好像才能名正言順不去想關於谷柑與腫瘤的事。只是，一回到家，看著谷柑依然天真好看的臉，依然撒嬌呼嚕的蹭著自己，有些時候真的不禁會想：「之前發生的那些不好的事都是假的吧，是夢境吧。」

谷柑總也假裝沒事。

打從發生嘔吐以來，他的每一天都維持得一樣。一樣的吃喝跑跳，一樣的撒嬌玩樂，完全不讓我們擔心，唯獨關於身體的話題，他從不跟我談論，總說沒事，說他很好，或是岔題聊往別的面向；就算面對他最愛聊心事的乾媽，他也很有意識地，一直隱晦地避開有關的話題。

午夜夢迴，在面對自己的擔心害怕之外，我也會想：「原來，谷柑也

是擔心害怕著的啊！」既然如此，就更沒有理由脆弱或逃避了，我與谷柑爸只能傾盡全力，包括財力，一定要給谷柑最好的醫療。

在網路資訊的輔佐，與老王和春花媽諮詢醫師好友的建議下，我們選定了谷柑接下來的腫瘤科醫師：吳鈞鴻。在正式就醫前，甚至去報名了他受邀開設的犬貓腫瘤講座。我是醫學門外漢，對於犬貓的認識也淺薄得只有谷柑，但心中百般想確認的只有一件事：這位醫師就是谷柑要的醫師。

就在差不多的這時間點，早先送到美國進一步化驗的報告也出爐了：谷柑得到的，證實是高度惡性淋巴瘤。

WTF。

再不懂醫學的人看到這報告應該也會噴出幾句難聽話吧！當「高度」、「惡性」的詞鑽入我耳裡的同時，我應該咒罵了不只一聲，但嘴上再怎麼發洩想裝強悍堅定，也拉不住下墜深淵的心。我完全忘記當時是怎麼回到現實的。

帶著報告，帶著谷柑，我們終於到了診間讓吳醫師看診。

我記得那天天氣很好，午後陽光暖得剛好適合散步。我記得提早到了醫院附近的我們，還去買了很喜歡的手沖咖啡；我記得的是自己全身緊繃，因為我不知道該怎麼面對接下來會發生的事，而我又能如何應對呢？社會化慣了的我，自以為沒什麼場合是不能應付的，卻是在那小小診間，我發現自己沒有任何防備，對待外人慣用的面具、面對工作該披上的盔甲，在這種時刻也完全派不上用場。我只有不斷撫摸著在醫療檯上的谷柑，來來回回，看著他身上輕揚起的碎毛紛飛，看似在安撫谷柑，實則，是給自己無謂的安慰。

那天，在我眼中的吳醫師好冷靜，冷靜得好不真實，而他說的每一句話與每一個動作，在我的感受裡彷彿都調慢了一點五倍速。看著他蹲下與谷柑平視，伸出手指讓谷柑嗅聞，而後緩緩說出這類腫瘤後續的可能治療

方式、哪些用藥可能對身體造成的影響，以及過程中，他將會隨著谷柑用藥後的身體反應再行做出的可能調整……，我彷彿才回到現實，原來這一切是真實發生的，而我們正在進行式裡。

不只是冷靜，吳醫師也夠直接（殘酷），他用極其和緩卻清晰的方式說明了，這樣的貓咪腫瘤，預後並不好，平均存活的中位數約是半年。

這是我最不想聽到卻是最需要知道的訊息。

我們在一起的生活如此美妙開心，我們在生活裡一起建立的小小默契與秩序如此獨特唯一，而他媽的腫瘤一出現，竟然要奪去這樣的日子，我怎能接受？我不能接受。

我突然聽不見這世界所有的聲音，我想屏蔽掉所有的訊息，我只想安靜地難過。

忘記是後來的哪個時刻，是谷柑與我對上眼的那瞬間吧？我發現，自己心中依然是滿滿的微笑與愛，我根本不想崩潰，因為在我眼前的是谷柑，我唯一的谷柑。

我才不願認輸。

我不要認輸。

我們要積極治療，我們要勇敢面對。

還記得，吳醫師不斷反覆強調：預後的中位數只是參考值，實際狀況會因貓而異，仍有些貓咪可以突破極限，而且還在不斷創造「奇蹟」，只是，「奇蹟」絕非憑空而來或從天而降，是需要有所作為，是需要不間斷的行動與信心方能有生成機會的。

此外，在吳醫師的理念裡，所有的醫療行為都會建立在「給谷柑有品

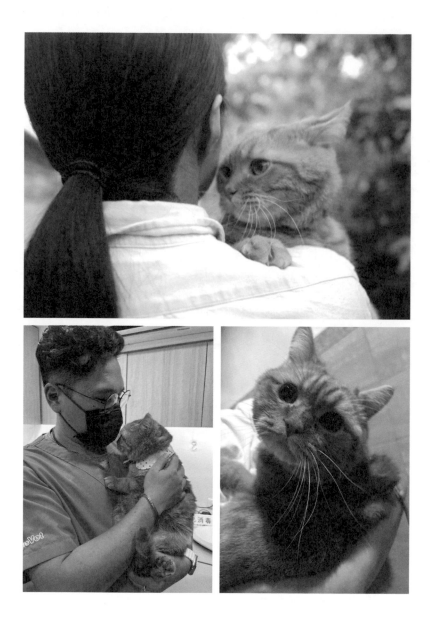

質的生活」的前提上。很神奇的,正是這樣簡單又純粹的信念,讓我的心情止跌回穩。

後來的醫囑種種,我記得我們不斷地點頭說好,在疾病面前、在醫療專業面前,我們的態度只能心悅誠服。但我們也滿心感謝是這樣一位心細冷靜的醫生,與我們娓娓道來關於腫瘤的這些那些,還有治療的原則與方法。

很有意思的是,面對過去的家庭醫師「老王」以及中醫師「老林」,谷柑皆以「老」字加上姓氏作為稱呼,算是某種「表態」,可能算是一種無形裡的距離感的表現,畢竟,誰會喜歡醫師呢?這一次倒很不同,結束與吳醫師的首次會面後,他竟稱吳醫師為「小吳」,十分親暱。記得是那天在小吳離開診間後,谷柑突然小小聲地說:「他好像可以幫助我。」後來,他也跟小吳說:「認識小吳之後,我開始勇敢了,我比較敢跟媽媽還有乾媽說生病的事。」

是小吳用溫柔而堅定的專業包裹了我們一家人的不安,也是那樣純粹清明的醫者態度,讓我們在難過與緊張的情緒裡,重新釐清未來應該走的方向:繼續讓谷柑過好日子。

這不是會好的病,沒有辦法回頭的單向道

這不是會「好」的病,是從一開始就註定沒有回頭路的單向道,終點是谷柑生命的消亡。我很清楚,小吳也早早提示,即使腫瘤順利因為醫療而滅滅,預後的存活中位數就是那樣的殘忍,此外,腫瘤仍是有復發的機會,勢必得展開沒有盡頭的追蹤回診。

更得清楚的是,腫瘤的治療並沒有藥到病除的特效藥,只有依靠每一次投藥後的觀察與複診,進而再視情況維持用藥或調整劑量或換藥,同時,還得配合按時吃藥、穩定的生活飲食習慣與愉悅的心情。

愉悅的心情，我指的是谷柑的，也是我與谷柑爸的。

谷柑一直是好個性、好相處的孩子，透過動物溝通，我們也不斷讓他知道用藥的必要與可能帶來的副作用。他始終配合、毫無猶豫，更重要的是，他自帶一股強大的自信跟自在。那可以讓人相信：都會好好的。

過去，谷柑爸經常會笑話谷柑，說他是有偶包的模範生，因為諸如日常的所有行為舉止（蓋貓砂、洗澡、睡覺的角度姿勢），待人接物的眉角（與粉絲說話的語氣、與醫師、醫助的互動），乃至眼角的一點點眼屎，身上稍微不順的一小撮毛，都是他萬分在意的。這樣的特質，在他成為腫瘤患者後依然不變。他會乖巧但帶著哀怨的眼神度過每次回診前的空腹八小時（因為每次都需要進行超音波檢查）；他會像模特兒一樣擺出所有在診間必須的姿勢，不論是側躺伸出腳（以便抽血），或是四腳朝天仰躺側著頭（以便超音波探頭偵測），以及最基礎的趴坐不動進行物理診療。

因此在陪診時，我總是不斷稱讚谷柑，「谷柑是全世界最勇敢可愛的貓咪」、「谷柑是最好看乖巧的貓咪」。面對如此美好的他，怎麼能不稱讚呢？

回家後，面對琳琅滿目的藥劑，化療藥、類固醇、腸胃藥、軟便劑、膀胱保護劑、抗生素，還有額外的保健食品與中藥，谷柑總是在我懷裡一顆顆、一管管的吞嚥下肚。有些時候，他會故意趁我備藥時躲進床底下，那意思是：我和谷柑爸得同時放下手邊在忙的事，一同出動、趴低身子在床的兩側一人推他、一人抓他，那畫面若有人看見，應該會笑出聲吧；有些時候，他也會伸出毛茸茸的小掌，作勢推開送藥入嘴的我的手，不過那都是很溫和且帶著一股可愛並不具威脅的假裝抵抗。

漸漸地，這些行程成了我們家的日常：每隔二至五週的回診（端看每一次的就診與追蹤情況或有不同），以及每一天上午與晚間的投藥。

要把這些特別的日常過得如常，是我們的全新功課，而我們都只是最

平凡的人。

　　有時候上班上得累了，或在外頭遇上不那麼順心的事，若碰到谷柑在服藥時的假裝抵抗，還是不免氣惱，有時大聲喊了谷柑的名，想喝止他的不配合，但每每才喊完就立刻後悔，因為這一路以來最辛苦的是他，最沉重的也是他的小小身軀，要說我們做了什麼？除了負擔醫藥費用，當個人體投藥器幫他按時完成服藥，至多也就是給他安穩自在的生活環境，以及盡量讓他開心罷了。

溫馨的小插曲，我們的新家人

　　回想谷柑剛確診、初開始療程的那段日子，除了天崩地裂還天昏地暗，那陣子的工作很忙碌，不時還有出差行程，每一天的生活步調都緊繃得讓人無法喘息，而就在一連串的混沌裡，我們竟迎來了新的家人。

　　老實說，關於最初的記憶有點模糊了，應該是某天在返家路上，天色已黑，messenger 的群組裡傳來訊息，春花媽有一位學生在路上救援了一隻被狗狗追趕咬傷的小貓咪，而春花媽也正要去動物醫院支援。剛好那間動物醫院是返家路上順路的地點，我問了開車的谷柑爸，要不要買個晚餐後去接春花媽一起回家，假使兩邊時間剛好搭配得上。

　　後來雖然沒有接到春花媽，可是也因此連帶關心起那隻倒楣的小貓咪，後來看到在醫院的照片，是可憐兮兮的癱瘓模樣，自然也升起了同情與更多關心。後來的日子，也藉著春花媽不斷更新的照片掌握著小癱貓的狀況，但說穿了，也就僅止於此……嗎？

　　那時家裡已經有萱萱了，雙貓家庭，我覺得很剛好。更何況谷柑也才剛確診不久，接著正需要穩定的生活狀態去配合化療的期程，再怎麼樣，我跟谷柑爸都不可能萌生再收養一隻貓的想法。

　　小癱貓後來被春花媽喚為小花生，原本春花媽的想法是：照料小花生到身體狀態都穩定後，再行尋找可收養的家庭。但，可能吧，可能是同為

谷柑花色的橘貓，小花生我是越看越覺得可愛，感覺有股力量拉著我要對她投入關心，不過心裡的另一股聲音也在不斷吶喊：谷柑的身體現在才是最重要的！是第一順位的事啊！

但我沒想到的是，谷柑說：「她是我的灰妹妹。」

小花生竟然是谷柑指定要帶回家的妹妹。

而這又是另一個故事篇章了。

逐漸資深的腫瘤患者

谷柑的化療之旅雖有小小狀況，但大抵算是順利。最初，小吳對谷柑採用的是針劑化療，副作用是疲累。那陣子的谷柑，只要打完針劑，活動力會很明顯地消退，在家多半時候都在閉眼休息，很多時候是一臉疲倦卻仍勉力起身活動，那畫面，看了不免心驚，擔心是否有不適，也擔心是否還有其他副作用。

所幸，第一輪的針劑化療結束後，雖然整體白血球偏低，也出現便祕的副作用，但小吳推估只是谷柑身體對化療藥的恢復力較弱，且腫瘤消退的狀況、腸胃道的情形也都是往好的方向發展，因此決定繼續維持原定的化療計畫。

陪著谷柑化療的這條路，就像是沒有終點的馬拉松，配合著小吳醫師的診療配速，一路向前跑，心情上，總是戰戰兢兢，深怕有哪些細節沒注意、沒配合；再者，看著他每次回診前必要的空腹（至少八小時）委屈樣，以及他每回用藥後的疲累樣，心中滿滿不捨。但真的很慶幸、很感恩，這一路，我們都沒有想過放棄，我們只有前進，向著未來的每一日前進。

若問，這條不可逆又沒有終點的路上，有任何正向的、可以稱之為「好」的指標嗎？我想，除了每一次回診超音波的檢查報告正常（沒有再發現異常的淋巴組織），應該就是回診的頻率了。因為那象徵著穩定。那

是我願意付出此生所有的幸運、運氣、陰德值、人品……等相似本質的一切來交換的。我只要谷柑身體穩定。

谷柑的眼神與表情，總是堅定而溫柔，雖然他總會說，是我們的陪伴給了他信心，但實際上是他的耐心和善，屢屢堅韌著我們的信念。我們，因此從最初兩週一次的回診，漸漸拉長成三週半、四週的頻率，直至執筆的現在，已經可以拉長到五至六週。

奇蹟谷柑，老了的谷柑

我們這一家的時間刻度，自此以週為「記」，以谷柑的回診日為「念」。

還記得，是開始化療後、約莫一年左右的時間，小吳突然昂揚起語氣卻又克制得極為冷靜地說：「谷柑的治療滿一年了。」

一年。

一年哪。

一時間，我還反應不過來，不多久後我才明瞭，這一年的意義。這表示，我們做到了！我們突破了存活的中位數，小吳說，這是奇蹟，谷柑也好喜歡奇蹟這樣的說法，那陣子開心地不斷重複這個詞彙。

卻不知怎的，我竟心生愧歉，因為我突然發現自己好失職。

這些日子以來，我大意又粗心，自以為歲月靜好，如常與谷柑過著吃藥、回診、吃藥、回診的日子，我如常過著其實早就不一樣的每一天。我忘了的是，有「存活中位數」這樣的數字還橫亙在我們眼前、在谷柑的治療路上。我竟然遺忘了，而且還如此自以為，然後像是沒事一般地在這些日子裡如常過著。

這很奇怪對吧？很奇怪哪！奇蹟都降臨了，我卻陷入了莫名的情緒風暴。在我內心裡，反覆糾結著難以言喻的情緒，實在是矛盾。或許，因

為這一路以來的治療成效很好，所以好到我經常性忘卻谷柑仍是生病的狀態，而這病，實際上是很嚇人的，是這樣的遺忘，讓我氣惱起自己的輕忽，我太少太少想起谷柑是病著的這件事，我是否拿著「給予谷柑安穩自在的生活」為由，刻意讓自己遺忘呢？但，確實，當奇蹟降臨，我感到巨大的喜悅。要說是奇蹟，不如說是因為谷柑真是太勇敢了，谷柑撐過來了，而我們，還在這條路上繼續向前，快樂地向前。

月有陰晴圓缺，但月一直就是月，一直都是月。這是谷柑教我的，提醒著我，或許會因為心情的起伏而影響對事物的見解判斷，或許難免會懷抱僥倖的心情去度日，可是本質就是本質，無常與變遷亦是如常。

長時間使用藥物，終究還是對谷柑的小小身體造成了不可逆的影響：腎臟邊緣的不平整與腎指數的不穩定。

那是用藥經過十六個月左右後的事。

雖然早知這是難以避免的後果，但不得不承認，這樣的消息還是有點打擊人，儘管我們也已經傾盡全力去預防（從用藥的劑量，到平時飲水習慣的建立等等），與此同時，這也意味著我們不得不正視的，除了疾病以外，其實是谷柑身體隨著年歲增長而老化的現實。

要怎樣面對「老」，才不顯矯情又不顯過分天真呢？當我看著自己臉皮的垂皺、頭上的白髮絲，並且開始自嘲為「阿姨」，我明白老化的真實。但要我看著心所愛的谷柑那永遠可愛帥氣的臉龐說年紀增長，我只想當天真的鴕鳥，是百般不情願承認，也不願去面對。

谷柑倒是意外地坦然。他依然如常賣萌顯擺著自己的可愛，依然奔向我蹭蹭後立刻發出動人溫暖的呼嚕，然後毫不猶豫地接受了小吳建議改吃的處方飼料。

面對這樣的課題，小吳不斷勸慰（對象是我與谷柑爸，而非谷柑），老化本是自然，既然已經發現，未來控制得宜倒也不會有大問題。我倒是

突然想起秦始皇派人尋覓長生不老藥的故事，過去從未想過自己需要百歲長命，卻一瞬間只想讓谷柑能得到不老仙藥，保他永遠安康。當然，世上沒有丹藥讓人不老，但好在有中醫朋友老林讓人指望，在詢問過小吳的專業意見與用藥評估後，谷柑也開始服用中藥，目的是保健腎臟，盡量維持現有的腎臟機能。

是啊，用藥維持住的「黑黑」，用藥保健著的身軀，是眼前谷柑與我們繼續快樂生活的方式，我只能在一天天、一次次的餵藥過程不斷鼓勵他、讚美他。其實，我想鼓勵的也還有自己，每一次撐開谷柑的嘴，推藥入谷柑的口，難免還是替他難受、對他感覺歉疚。

關於這本書的開始

在逐漸成為資深腫瘤患者家屬的途中，聆聽過我們許多疑問，以及陪伴過許多就醫過程的春花媽，不斷提議一件事：我們應該跟谷柑、小吳一起，把這一路上的過程寫出來，讓更多人知道，也讓更多人更加理解如何陪伴生病的孩子，又該如何面對疾病、如何與醫師溝通。

說實在，對於這提議，最初我是一點興趣也無，倒是谷柑跟小吳很爽快地點頭答應，他們就像是一對戰友，坦率又帥氣地合力面對腫瘤壞蛋。反而是我很怯懦，因為實在沒有把握，沒把握自己所做的，好到可以跟人分享（當然也不可能不好到成為負面教材），也沒有信心自己的堅持究竟對不對？精確一點地說，對於這一路上的每一次選擇，我雖然相信著、雖然用盡全力，但我不知道這樣的「經驗分享」是否真的對於他人有意義。

不過我確實回想起最初，剛領養谷柑時的懵懂徬徨。

還記得在台北市流浪貓協會第一次看到谷柑時，我只會（也只敢）伸手摸摸他的頭與身體，因為我不知道貓咪的習性與慣性，怎麼樣才不會被認為我帶有惡意或攻擊意味？我不曉得該摸他哪裡會表達友善、讓他舒服？而我也不曉得該怎麼抱他才不會讓他不適。誇張的是，還記得谷柑回

家的第一天，他沒多久就踏出了外出籠，開心自在地打起了呼嚕，而我卻驚慌到拿起手機錄音傳給春花媽，問谷柑是不是怎麼了？我完全不懂那就是貓咪的友愛示好。

關於貓咪，我不知道的事情太多太多了，是谷柑成為家人後，我才一點一滴明白貓咪的習性，也才開始找了很多類似《貓咪家庭醫學大百科》的書來看。當然，我也會 google 個不停，只是想多知道一些些關於貓咪的神奇，諸如：為什麼貓咪玩玩具時會翹高屁股搭配扭動？又為什麼會有飛機耳、膨尾巴、吸踏毛毯等行為？總而言之，他們的行為就是這麼迷人又耐人尋味。

是那最初的徬徨心情，讓我開始覺得書寫下這些過程可能有點什麼意思。如果，只是如果，有人能因此感到放心一點，有人能因此跟獸醫師建立起無礙暢通的溝通，有人能因此注意到毛孩子的異常反應，可能就只是那一點可能，我想，應該足夠了吧。

谷柑後來也透過粉絲頁揭露了他身體有「黑黑」的事實。他清明、自在，當然也享受著大家對他的問候、關心與愛。我只覺得他真的很勇敢，比我們誰都勇敢，因為谷柑也是從不願正視自身疾病，到願意面對，甚至還願意對外分享。

很快的，谷柑也陸續收到一些私訊，很多人詢問關於腫瘤的治療方式，詢問小吳醫師的資訊，詢問我們是如何發現、又如何去接受。似乎，我們這樣走過一遭，雖然用盡全力，也難免帶著淚水與痛苦，但能將這樣的經驗分享出去，也確實是另一種價值的展現。走過的從不徒勞白費，更何況這是用生命去交換的經驗。後來，在春花媽、慶祐還有地方阿姨團的鼓勵下，因此有了這些文字。

怎麼還有新腫瘤

有腫瘤後，儘管控制得宜，還有件事是很難避免的，就是腫瘤的復發

或轉移。按照谷柑的說法，就是「黑黑」又出現了。

在努力維持腎臟機能，讓谷柑轉吃腎處方飼料一年左右後的例行回診中，每次都拿著超音波探頭在谷柑腹腔精密掃描的小吳，發現了谷柑的膀胱後方有一小塊異樣。第一時間，心臟就像是被綁了大石塊一樣快速下沉，但小吳冷靜的聲音立刻拉回了我。他判斷這應該不是轉移，而質地上看來也與上一顆高度惡性腫瘤不同，應是屬於低度惡性腫瘤，服藥後的可控性是好的。因此當機立斷，立刻又加回已好一段時間不需服用的化療藥。

谷柑跟我說：「我相信小吳。」而我相信小吳，相信谷柑。

我們又開始了另一段既切實際又不切實際的療程了。

行為上，我們配合著小吳的節奏；心理上，我又時不時遁入了遺忘谷柑身體疾病的思維虛空，一副沒事般地過著日常，卻又在一些忙碌的空隙中感覺到自責難過。

每當我結束了一陣難過的情緒，我會親親谷柑的頭，摸摸他的身體，在心裡用著最大分貝吶喊：我最愛谷柑，然後說他是全世界最帥氣可愛的貓咪，是我最好的禮物。

我們早應該接受的是：身為一位資深的腫瘤患者與家屬，再度發現腫瘤的機率並不算低，所以我們需要固定回診、持續追蹤。我們與小吳的週期約會將不會間斷，直到終點來臨。

誰都有年老

若撇除腫瘤這件事，依谷柑的年紀也確實是老年貓了。關於谷柑的年歲，其實始終僅有個大概的推算。領養那時，獸醫看了他的牙口狀況，推斷約莫是五歲左右，及至落筆的此時，谷柑應該算是十四歲的貓咪了。

　　三不五時，我會抱著谷柑親親蹭蹭，跟他說：「你要活到二十八歲喔。」這數字從何而來？我也忘了，只是有時講完二十八這數字，又會很不甘願地改口：「你要活到三十八歲喔，一直陪著媽媽，好不好呀？」

　　谷柑呢，總是深情款款地定看著我，那讓我知道，不論那年歲何幾，我們之間最堅定的就是愛，絕對不移。

　　長期的服藥，加上年紀的增長，谷柑的身體（尤其是腸胃）確實開始有些改變。譬如他跳躍前的準備時間多了一些，譬如他對玩具的追逐顯得冷靜了些；又譬如，他如廁後偶爾會出現殘留在屁屁的污穢。那是老化，也是長期服藥的後遺症，無可避免，我們就是面對。

　　每當我們拿著濕紙巾幫他清潔時，他總是害羞得不得了，然後一臉歉疚地說不好意思，我們總是親親他，然後繼續大聲誇讚：「谷柑是最帥氣好看的貓咪。」

　　我不知道怎麼描述我對谷柑的愛，但我完全無法想像沒有他的生活，是一假想那情境就會開始掉眼淚的那一種無法。我會碎成一片片再也無法完全的吧？如果谷柑離開了我。

　　谷柑，在那一天到來之前，我們就盡情相愛吧！

　　讓我一直映在你的眼底，讓你的毛髮一直附在我身上、黏在我的衣物上、提包上，讓我們一起將每一天，都過得甜蜜如常。

第二章

谷椎醫療日誌
&
谷椎與醫師的通信

當回診與吃藥成了日常

當回診與吃藥成了日常

谷柑是追求完美的「好學生」，

但「完美」也讓他無形中產生很大的壓力。

藉著生病，我們一起學著「生病」不是不完美的錯誤，

「身體」這個戰場本來就有輸有贏。

輸了，就好好面對，繼續幫助身體打仗，

這才是所謂的「健康」。從谷柑生病開始，

我漸漸理解了這件事，谷柑也開始與小吳醫師通信，

為漫長的醫療點綴些許的可愛與溫馨。

那個谷柑爸

2019 . 11 . 18

第一次從腫瘤科醫生的角度進行超音波，與一般的健康檢查不同。

醫生小吳很快就找到靠近十二指腸附近的淋巴結，呈現黑色，表示有發炎狀況，這是一個觀察指標。

因為連動胃部腫瘤的病情，其餘肝腎以及腸胃道都正常。

因為今天沒有進食，所以胃部的狀態不容易看見。

第一次先試著用吃藥的方式進行化療，下一次觀察谷柑的反應。

醫生小吳也分析針劑以及投藥的區別，雖然有家長會想以最新或是最有療效的化療為優先，但用藥部分，有時最新的藥只是多了一點點療效，卻要付出更多成本。

醫生小吳建議，病情的分析比較重要。以谷柑為例，觀察淋巴結腫瘤是否有蔓延，以及找到一個指標性的淋巴結作為觀察。

用藥後的三天要觀察用藥副作用，一般來說會有吐、食慾不振以及拉肚子的現象，都要立刻讓醫生知道，進而調整化療藥的成分。

2019 . 11 .25

血檢正常。

超音波顯示，靠近消化道那邊偏黑色的淋巴結開始變得明亮，表示藥效正在發揮。

上一次的化療藥並沒有明顯的副作用。

體重維持在 4.8 公斤，所以今天可以進行針劑的化療。

2019 . 12 . 2

血檢結果白血球降低，無法進行化療。

應該是針劑的化療藥，對谷柑身體的副作用比較明顯。

打針治療的後兩天，谷柑都睡得比較多。

2019 . 12 . 9

血檢數值恢復到正常，可以進行第三次化療針劑。

經過兩個禮拜休息，體重明顯回升，食慾與排便都正常。

醫生說，從超音波來看，一些淋巴結的部分變得更不明顯，雖然腫瘤沒有消失，但朝著控制的方向前進。

這週谷柑都正常，前天有點便祕，但隔天早上還是有大便。

食慾正常，對肉泥水有點挑食，但晚一點都還是會喝完。

有一天吐了，是因為他們的零食包裝紙被他們誤食了。

體重稍輕，4.85 公斤。

這週睡得比較多，白天吃完早餐就會去睡，下午會起來晃，又去睡。

睡到晚上七、八點再起來晃，等晚餐……

谷柑現在的晚餐會分幾次吃。

2019 . 12. 16

血檢白血球偏低，正常值以下，但是可以使用化療藥的程度。

可以進行第四次化療，針劑。

這一天谷柑媽比較晚來，以及醫生小吳提前讓谷柑治療，診間只剩我和醫生小吳。

谷柑後來有抱怨，不過來幫忙的女醫助很喜歡谷柑，想要看谷柑的詩集。

谷柑進食狀況都正常，餵藥的過程我會堅持讓他多喝水，起碼喝到 10 cc。

2019 . 12 . 30

血檢的白血球恢復到正常值以上，但仍偏低，應該是谷柑對於化療藥的恢復力較弱。

體重維持在 4.85 公斤左右。

超音波顯示胃裡的腫瘤變得較不明顯，胃壁部分沒有繼續增厚，其餘淋巴結部分都呈現看不太清楚的正常狀態。

小腸有積便，谷柑爸跟醫生說，有兩天試著停止使用軟便劑，但醫生小吳觸診後還是建議使用。

與醫生小吳討論便祕狀況。小吳看完血檢與超音波，推斷應該是用藥所造成。化療藥有導致大腸麻痺的成分，那是為了解決一些動物化療後會產生拉稀的副作用。

但谷柑目前沒有，所以反而讓大腸蠕動變慢，沒有力氣推出大便，不過情況在可控範圍，不到需要挖糞便的程度。

所以建議使用持續軟便劑。

今天谷柑媽稍微晚到，醫生小吳很貼心地先跟谷柑說，「那我們先開始喔～」，以及「今天不會剃毛」。

這次使用投藥的化療藥，不過因為谷柑恢復力較差，拉長了用藥之間的間隔，延後到一月一日再使用。

2020 . 1 . 13

谷柑今天的超音波，胃的部分良好。胰臟稍大但質地好，判斷是化療的影響，破壞後復原所交替造成。膀胱稍微渾濁，應該是水分較少，血檢也應證了這點，因為營養那欄偏高，有點脫水現象。

血檢指數都很好，嗜中性球指數表現良好，白血球也回到健康狀況，數目回升。在營養指數這一欄偏高，代表些微脫水，但也印證超音波看到谷柑膀胱稍微渾濁現象，表示腸子裡很多大便，需要再多喝水。

醫生小吳判斷目前胃的腫瘤目前沒有復發狀況，周圍淋巴結也變得不清楚，

其餘器官也沒有發現腫瘤狀態，建議可以拉長回診間隔。

今天先做針劑治療，兩週後在家自行服藥，二月六日再回診。

2020 . 2 . 6

照超音波過程中，發現胃的淋巴結有稍微腫脹、明顯一點，不過小吳判斷都在合理範圍內，不太像復發的跡象。

腸子有一小區段有積水現象，這部分應該是化療藥的影響，因為腸子吸收不好才會積水，繼續觀察，更換高纖飼料是可以的。

整體狀況持平，不用更換藥，但也還沒到減藥的時候。一樣打完針三週半回診，等血檢結果有變好，白血球與嗜中性球數量都正常，缺水造成的營養指數也比上次血檢低，不過要繼續注意水分攝取。

2020 . 3 . 2

血檢成果都很正常，今天進行針劑治療。

上次的胃部超音波，淋巴結又變得不明顯，然後空腸淋巴的部分有稍微腫大，但都在安全範圍，列為追蹤，有可能不是腫瘤而是化療讓腸胃受傷造成。翻了今年一月和二月的記錄：3.8—3.2—4.2，就是有起伏變化，所以這部分列為追蹤。

血檢都很好，表示對藥物適應。

因為上次有看到胃部淋巴變明顯，小吳也懷疑是化療藥造成，這次照就不明顯了。

八次療程如果能像現在這樣控制，就不需要換藥，但會拉長用藥間隔。

小吳的觸診結果覺得很好，說谷柑現在的體態很棒。

2020 . 3 . 26

谷柑今天血檢過關，嗜中性球指數正常，有個指數代表身體發炎狀況，谷柑的這部分也是正常，營養狀況也好，白血球數量也正常。

超音波看胃也沒有復發跡象，附近腸道的淋巴結大小也都在正常範圍。胃部背面是黑色看不到，表示有空氣，也因為是腫瘤沒有變大讓胃部有空間，因此看到胃部的空氣通常也是好的。

小吳在考慮，可能可以考慮不用再照超音波，回診單看血檢跟打化療針就好。

2020 . 4. 20

第六次的化療．

體重 4.85 公斤，維持跟之前一樣。

超音波看到食物成形部分還是清楚的，應該是腸胃蠕動受化療影響，之後建議晚上入睡就將食物收起來。小腸那邊的淋巴結還是偏明顯，不過都在可接受範圍，小吳建議在整個療程（八次）結束後，可考慮改為口服支持性療法，因為目前超音波結果看起來都在可控制範圍內，之後改為口服化療，同樣先兩個禮拜追蹤一次，慢慢拉長間距，用這樣的療程來看腫瘤細胞變化再調整用藥，慢的話就可以拉長間距。如果中途發現復發狀況，就立即改為針劑的積極療法。

本週的血檢結果都維持得很好，除了營養部分偏高，表示些微脫水或是水分攝取不足，判斷有可能是化療藥讓谷柑腸胃吸收慢，不過這是小問題。

2020 . 5. 13

第八次的化療。

今天是第八次治療，超音波看胃和腸的淋巴結都正常，因為餵藥的時候有開始讓谷柑多喝水，今天糞便狀態很好。

血檢正常，營養部分偏高，但因為水量增加讓今天糞便的狀態變好。

今天有詢問小吳更換口服藥的藥效差別，小吳說：「下一次檢查完可以討論接下來的用藥方式，一個是原藥（針＋吃）拉長到五週，一個是改口服（兩顆），兩週回診一次。」

小吳，這是我寫給你的第一封信。

你還記得，第一次看到我的畫面嗎？我還記得。乾媽跟爸爸、媽媽都跟我一起。然後我知道你也會跟我一起。

你遇過很多像我這樣的貓咪／狗狗嗎？他們後來都怎麼樣了呢？我知道肚子裡有黑黑，可是一開始我不敢說，我怕說了會有很多不好的事情，怕媽媽難過。

我好不容易才找到媽媽喔，後來也找到妹妹。我還有好多好多話想說，媽媽都要聽的。

我會好嗎？我可以好起來嗎？有很多人都會問你這個問題吧？我也很想知道。

我很努力，要把黑黑搬走，小吳你都有幫我。謝謝你。雖然有時候吃藥我會弄爸爸，也害爸爸被媽媽罵，可是我都乖乖吃，媽媽都會說：「那是小吳幫你做的藥喔。」

認識小吳之後，我開始勇敢了，我比較敢跟媽媽還有乾媽說生病的事，因為我發現她們也都很勇敢，我爸爸也是。小吳是我的好朋友，雖然你是醫生。

今天先寫到這裡，小吳你有空再回信喔。

谷柑

小吳你好：

　　你為什麼都知道怎麼搬走我們身體的黑黑呢？

2020. 6.15

媽媽有說，因為你是專業的醫生，你是為什麼會成為這麼厲害的醫生呢？

　　我記得第一次看到胃裡有黑黑吐出來【媽媽說明：他的嘔吐物一開始是褐色】，我很害怕，希望媽媽不要看到，可是我沒有東西（貓砂）蓋起來。我不想要媽媽擔心，我也會擔心。

　　我的妹妹很厲害喔，她會靈氣【媽媽說明：是貓咪妹妹，靈氣……呢，就又是另一件事了】。

　　妹妹說要幫我把黑黑拿走，可是她很大力，我很痛。把黑黑搬走原來要這麼痛，我也會想，這樣真的好嗎？

　　後來媽媽帶我去找老王【媽媽說明：我們家一直都是找王堯徽醫生，他很像是家庭醫生，所以當時就是由他做了一連串檢查】。她跟爸爸都抖抖，可是都很勇敢安慰我，我也抖抖看著老王，他也都有一點抖抖了。

　　家裡那時候都悶悶暗暗的，天上的星星都不亮了，雲都不走開，黑黑也不走開。

　　有一天媽媽跟乾媽去聽人家上課，說是厲害的醫生，我不知道的。【媽媽說明：谷柑只認識老王跟另一個中醫老林，勉強對老葉有點印象；谷柑說的上課就是小吳你的講座啦！】

　　第一次看到小吳，我有點抖抖，那個地方我不認識，小吳也不認識，我有聽媽媽抖抖跟你說話，說我生病的事情，我其實想遮著耳朵不要聽，可是又很想聽。

小吳，我覺得你很像大白喔，大白飛起來很帥氣喔，我有跟乾媽說過。【媽媽說明：大白是谷柑在窗外會看到的鳥，他很喜歡看大白飛，我們家看得到淡水河，推論那個大白是白鷺鷥~】

今天先寫到這裡，好熱。

谷柑

PS. 今天把我的一些背景說明試著加在括號裡，不曉得這樣對於你讀谷柑的信有沒有幫助？

小吳醫生

哈囉谷柑~

這是我回你的第一封信。

2020．6．22

要提筆回你信時，讓我想起高中的年代，同學間很流行交換日記的遊戲，我想你一定沒有和別人交換過日記的經驗吧！那是一種……嗯……有一點緊張、一點興奮，不知道對方會問什麼，我應該又要回應什麼？會不會聽到對方不能說的祕密呢？（燦笑）

回到正題好了，我當然記得第一次見面的事情啊！

第一次見面時，我們在碩聯動物醫院。對於每一次要走進一個初次見面的毛孩和家長的診間時，我總是會先深吸一口氣，因為我知道我面對的可能是緊張、害怕、焦慮……等等灰濛濛的情緒，就好像一堆散落的書籍，在等著我幫忙整理好它們。

不瞞你說，我自認為熟練這一切。初次見面時，我也是這樣的心情走進屬於我們的診間。第一次的談話，我印象中你略顯緊張，不過因為有個條理分明的乾媽，所以整個過程非常的順利，

因為第一次主要是來討論之後治療計畫的，所以我不太敢碰你，被第一次見面的貓咪討厭，絕對是常有的事情，我是這麼認為的！

你問我是不是遇過很多這樣的貓咪／狗狗？

確實我遇過很多罹患淋巴瘤的狗狗貓貓。這個病其實很複雜的，複雜到即便同樣是淋巴瘤，壞的程度仍存在很大的差距，所以醫師會試圖把它分類，好讓這件事情看起來簡單一點。

你的腫瘤是貓咪中最常見的「腸道型淋巴瘤」，這個位置的貓咪淋巴瘤通常屬於低度惡性的機會比較高，但是不幸運的是，你的腫瘤是屬於高度惡性的，也就是說是比較壞的。而我們現在做的打針吃藥就是比較積極化療，因為我知道如果這麼做，有大約百分之五十到六十的機會你會變好，我也很建議你這麼做。

我很開心在現在這個時間回你信，因為從我們第一次見面到現在，已經超過這個疾病在化療控制下，平均的存活時間（平均大約是半年），而且你的黑黑目前在超音波下也已經看不到了。過往的研究告訴我，如果在化療後達到完全消退（約三分之一的機會），存活時間就有機會超過一年以上。真的要給你拍拍手了（微笑），所以不要討厭吃藥看醫師好嗎？

但是……我也必須老實告訴你，我不是神，也不是神醫。雖然我想治好每一個有腫瘤的狗狗貓貓，但是這很難、很難，難到有時我很努力了也不一定有好的結果出現。不過我可以給你肯定的答案是：「我會陪你，你的爸爸媽媽也會陪你，所以你不孤單。」

你曾說……天氣有時冷有時熱，但是我們陪你的心不會有時冷有時熱。

回你信的速度不知道趕不趕得上你問問題的速度，第一封就先

這樣囉！

PS. 喔！對了 ... 你媽媽說可以問你問題，我一直有個疑問，身為獸醫師的我常常被狗狗貓貓討厭好像挺正常的，你有什麼方法可以讓他們不要這麼討厭我嗎？

吳鈞鴻 獸醫師

小吳：

　　收到你的信，覺得好開心。第一次這樣寫信，還有回信，真的很好。雖然我也是一直問媽媽，小吳有沒有收到信了？他真的會回嗎？

　　你說交換日記，我沒有寫過，但我現在跟小吳在交換信件了。我不會寫字，但我想要給小吳聽我的聲音，下次讓媽媽給你聽，雖然你應該聽不到（聽不懂）。

　　你真的經常被【媽媽說明：貓貓狗狗】討厭嗎？好可憐，被討厭的感覺很不好。

　　我的妹妹荳荳也是【媽媽說明：就是第二封信提到的靈氣……】。不過人類都不會討厭她喔，都是貓貓狗狗，因為她太大力跟太粗魯了，可是我知道她是為我們好。

　　我其實不是真的討厭獸醫師，但有時候被弄到了會被嚇到啊！

我有一次被老王捅屁股【媽媽說明：量肛溫啦……】，嚇死我了，我那次以後都叫他陰險老王，也會提醒大家【媽媽說明：所有他認識的貓貓狗狗朋友 XDDD】他是陰險老王，要小心。

媽媽要我好好回答問題。我覺得，你們要摸我們、要弄我們，至少要先跟我們講啊，突然被弄一定會嚇到，然後就討厭了。當然很多人個性很激烈，你講了可能也沒什麼用，給肉泥跟零食也沒用，但至少有禮貌一點，等冷靜下來以後，對你印象也不會那麼壞了。不過，醫院真的都很臭，有很多緊張的味道，進去裡面沒有人（貓、狗）會開心的。小吳你在裡面上班真的很辛苦。

我知道大福離開了，她是很漂亮溫柔的貓咪，以前是媽媽救她的，我媽媽真的很好【媽媽說明：谷柑很習慣稱讚媽媽，小吳你可以看看就好……】。

媽媽收到你的信，又知道大福的事情，就哭了。我有趁媽媽睡覺去親媽媽，她沒有忘記椪柑妹妹【媽媽說明：我們家的第二隻貓咪，因腹膜炎離開的】離開很痛這件事，我其實也沒有。小吳，你有這樣痛過嗎？我知道大福還會在，椪柑妹妹也還在，可是那不太一樣了，對吧？

為什麼會有黑黑跑到我們身體裡呢？那種黑黑，不是心情的黑黑，曬太陽跟舔舔都趕不走，茸茸妹妹也切不乾淨。

我請螞蟻幫我搬走，也是一點一點的，有點慢，有點辛苦。

爸爸媽媽說，我吃藥打針身體會累，為什麼呢？好像每次去完醫院，我都會睡很久，懶洋洋的。也不是不舒服，就是很想睡覺沒力氣，媽媽都叫我繼續睡，爸爸也會叫妹妹不要吵我。可是身體裡面的黑黑越來越少了，我們都很開心。媽媽說要謝謝小吳。

每次媽媽餵我吃藥，都會說這是小吳開的厲害的藥，然後說我是全世界最帥最好看的貓咪，吃了藥更好看。我都有乖乖吃藥，但我不喜歡被灌水。

小吳，為什麼我的肚子會有那麼多大便？爸爸會幫我按摩，可是好像還是大不完。

你有看過大白飛嗎？你應該看一下，那就是你好看的樣子。

谷柑

小吳醫生

哈囉谷柑～

為什麼我會知道怎麼把黑黑趕走呢？這個問題 2020.7.7 就好像我大女兒問我：「爸爸，你怎麼會幫動物治療呢？」

（我第一時間的 OS 是：因為拔拔有喝克 X 奶粉，所以長的跟大樹一樣頭好壯壯，但是如果我這麼說，應該會先被我老婆笑我又在練孝偉～）

我是跟我女兒這麼說：「你必須要好好聽老師話，好好念書，還要有一顆愛動物幫助他們的心，你就可以跟爸爸一樣囉！」如果你是人，我應該也會跟你說一樣的話吧！

我自己覺得學習專業知識不難，難是難在看診時，面對像你這樣有腫瘤的病患，和焦急的家長。因為學校只有教我們怎麼處理疾病，但是第一線面對每一個家長時，有太多需要學習溝通的部分，甚至是面臨可能即將到來的死亡。我不知道我跟你說這個你

會不會害怕，但是，它卻是我每一天都在處理的事情。

有些獸醫師覺得這是件壓力很大的事情，所以他們不喜歡看腫瘤的病患。而我自己的想法是，我們都害怕死亡，但是死亡並不會因為我們的害怕而不找上我們。如果我有能力，幫助一些像你一樣的寶貝，延遲這件事情的到來，甚至幫助你們維持身體相對好的狀態，這正是我每一天在做的事情。

原來我是大白啊！哈哈哈～你知道白鷺是代表長壽、幸福、安康的象徵嗎？我相信每個醫師都希望可以帶給他所診治的病患這樣的祝福。也謝謝你相信我，醫療不是只有醫生一個人的事情，一個完整醫療計畫必須包括獸醫師，以及願意配合的家長和病患。這是缺一不可的組成，如果今天醫生想做事情，沒有家長可以配合給藥，也沒有配合的病患願意接受治療，就不會有成功的可能！

所以，成功的醫療絕對不是只有醫師一個人的努力，你知道嗎？你們很重要喔！

吳鈞鴻 獸醫師

2020 . 7 . 15

第十次的化療。

今天第一次被女醫生看診，是小吳的太太，谷柑覺得她很溫柔，很開心，還要求女醫生抱他。

靠近幽門那邊的胃壁厚度沒變，但肌肉層有一部分比較黑，要觀察，不一定是復發，因為厚度沒變。

上一次發現的淋巴結表層不規則，這次沒有看到，應該是藥物對身體的影響。淋巴結還有腸道都很正常。血檢也正常。

目前延長藥物控制的方式可以觀察到十一月，之後再討論藥物的比例更換考慮（純口服……）。

小吳：

今天聽到黑黑沒有再回來，覺得很高興，我們一起努力請黑黑離開我身體又繼續成功了。而且今天認識小君，她說話好溫柔。而且她好像很喜歡我，還幫我找好看的繃帶，也一直鼓勵我，我好開心，你可以幫我跟她說謝謝嗎？

小吳，你覺得奇蹟是什麼呢？要怎麼樣才會有奇蹟呢？我覺得我遇到媽媽就是一種奇蹟喔，還是該說命中注定？這樣好像比較浪漫，所以奇蹟應該也是很浪漫的事。

你喜歡唱歌嗎？我請媽媽爸爸讓你聽我唱歌，雖然你應該聽不懂，可是心情很好的時候，覺得很輕鬆的時候，我就會想唱歌。像是晚上的時候，家裡很安靜，自己一個人可以找喜歡的玩具，可以在家裡散步，我就會唱歌，從心裡自己跑出來就發出聲音了喔。我知道媽媽都會很小心不被我發現，然後幫我錄起來。

有一陣子，我沒有辦法唱歌，媽媽有發現，她很擔心，那就是我知道自己身體裡有黑黑的時候。我很害怕，有太多害怕了，心裡感覺被壓住了，歌就跑不出來了。還好後來就好了。

小君感覺就是很好而且好溫柔的人，跟你一樣。雖然我沒有要你把把，可是如果你想把我也是可以喔，只是我覺得男生把起來好像比較熱，像我爸爸把我一樣。

我不喜歡熱，可是最近好熱，小吳你怕熱嗎？如果怕熱的話，把我會很熱，冬天涼涼的時候比較好。

有時候天氣熱，我不想吃東西，媽媽會說要有營養，身體才有力氣。然後每天也要吃一顆很大顆的魚油，我不是很喜歡啦，但

我還是有乖乖吃，媽媽就會說我很努力、很乖。

你記得老林嗎？他是中醫喔。每次要去找你之前，媽媽會帶我去找老林，老林也會幫我打針，媽媽說那是補氣針，像是吃維他命一樣的意思，補充體力。媽媽說，小吳的臉書也有寫到中醫的事情，你會中醫嗎？他們也會針灸，我妹妹有去過，但老林說我不用。我覺得醫生都很厲害，都知道怎麼看我們的問題。可是我偷偷跟你說，老林很不會抽血，打針還好一點，小吳的抽血打針都很俐落，這個部分就是很像大白的樣子喔。

小吳你會有問題想問我嗎？你看病的時候，回答你的都是人，你會不會有想要直接問我們的問題呢？

谷柑

哈囉！谷柑～

我是小君，我可以叫你柑柑嗎？哈～

小君醫師

2020.7.18

真的很開心能認識你，也很高興能得到你的認同！

我是真的很喜歡你，尤其是第一眼真的見到你的時候！很久以前小吳回家時，就有跟我提起過你～他說你是會讓人一眼就喜歡的貓，結果真的是這樣！有時候你的無奈他也看在眼裡唷！他其實一直都很心疼大家，好希望能幫忙大家把黑黑都趕走，不知道你有沒有感覺到呢？貓咪們會知道小吳想要幫助他們的心意嗎？還是真的都很討厭醫院跟醫師呢？你有第一眼就不喜歡的醫師嗎？

自從小吳提起你之後，我一直都很想見你唷！之前都在想有沒有機會能遇到你？我有把你送小吳的詩集看完了唷！我覺得你是很有愛的貓～詩集裡滿滿的愛意，即使是悲傷無奈的時刻，其實背後也都是因為愛～所以也因為這樣，我更喜歡你了！

每隻小貓都跟你一樣嗎？對爸爸媽媽充滿著愛？因為我有時候真的很難懂我的貓在想什麼？哈哈……我們有三隻貓唷！不知道會不會有機會讓你認識他們？哈～

關於奇蹟的問題……我想幫小吳代答（哈，因為我比較有空），我們是相信的！因為其實奇蹟就是希望！希望充斥在生活的每個角落～它會讓你的生活變得美好！就像你爸爸媽媽出現在你的生活中，而你加入了你爸爸媽媽的家庭！

我很喜歡你跟你爸爸媽媽的互動唷！從你們的互動中看到了在乎彼此的心意！其實一家人就是這麼簡單！互相扶持！所以柑柑要乖乖聽話唷！乖乖吃藥，我知道藥真的很難吃～我有時候有幫你們試過，還要記得多喝水唷！

最後，很謝謝你讓我把把唷！很喜歡把你的感覺～軟軟暖暖又香香的！如果我有看到漂亮的彈繡，會記得幫你留下的唷！

By 很高興認識你的小君

PS. 柑柑會一直很期待小吳的回信嗎？我想幫他先跟你說聲抱歉唷！因為他最近比較忙一些，還要做資料整理，他也都有認真在想你的問題唷！他說他不介意我寫情書給你～哈哈！

谷柑

2020.8.19

小吳、小君，你們都好嗎？

明天就要見面了，催媽媽好多次，她才有時間幫我寫信給你們。

爸爸明天有工作，第一次不能陪我去醫院，可是他說：「有你最喜歡的小吳啊！沒問題的。」我想也是。而且還有媽媽跟乾媽，還有小君。

小吳你會有不想出門上班的時候嗎？

我一開始會很不想出門去醫院，覺得會有不好的事，也不曉得肚子裡讓人不舒服的東西是什麼，每一次去我都覺得心裡重重的。

小君說，小吳最近很忙，媽媽也說，小吳好像在上課。小吳你忙起來的時候會不會也變透明呢？你們變透明的時候，會記得家裡的貓咪嗎？

小吳，你知道我以前的故事嗎？你可以請媽媽拿給你看。

你覺得會有人想知道我的故事嗎？大家看了，會想起什麼呢？會記得什麼呢？可以讓更多人知道愛的重要嗎？

乾媽也找你上課【媽媽說明：開講座】，媽媽說要帶我去捧場。你應該不會緊張吧？我之前開新書發表會，雖然心裡很緊張，可是我表現得很不緊張。我緊張的是怕大家不喜歡我，或是不懂我的詩～小吳，你為什麼會想要一直分享、一直講呢？如果有人不懂你，你會怎麼辦呢？

谷柑

小吳醫生

谷柑：

雖然我感受不到醫院緊張的味道，但是你們來 2020.9.15 醫院緊張的情緒，我倒是可以看得出來。所以我現在看診的時候，都會讓進來的狗狗貓貓們先在籠子裡稍微熟悉一下環境，也熟悉一下我跟你們拔拔麻麻講話的聲音，最後都了解今天來的目的後，我再開始摸摸、看看。

「要先跟你們說，再開始操作」這件事情讓我想到，有一次好像是我要掃超音波的時候，我沒有先跟你說，就往肚子噴水，然後你就抖了好大一下！你的拔拔就有提醒我要先跟你說一聲，好像在那之後你就比較能接受這些事情了！

我之後看其他病患的時候，也都會跟他們說一聲，不過就像你說，有些很緊張的動物，可能還是會很緊張，不過如果能讓他們回家後不會對醫院留下太壞的印象，我就會很開心了！

我的大女兒也是叫荳荳喔！她是一個很喜歡貓貓的人類小朋友。在我們家，貓貓狗狗都有他們的輩份，像是貓貓們都是她的哥哥、姊姊。

我們之前有一隻狗狗是我老婆（小君）養的，所以他是我老婆的弟弟，我們家的小朋友就要叫他「馬斯舅舅」。因為我們把他們當家人，就像你的拔拔麻麻愛你一樣。很可惜……馬斯在三年前離開我們了。

不知道你會不會怕人類小孩呢？我覺得我們家的貓貓很厲害喔！他們竟然都可以忍受我兩個女兒的過度關愛，甚至我覺得我們家的小哥哥——他叫烏灰，他特別喜歡我的小女兒，只要我的小女兒哭了，他都會喵喵叫地過去陪她，我都說他是一個好哥哥。

不過他不太喜歡其他貓貓。有一次有隻貓來我們家，他一直哈氣，甚至氣到亂尿尿，能像你一樣認識很多貓咪的貓，應該不多吧！

我告訴你一個驚人的事情喔！黑黑（我們稱它作「腫瘤」）其實也是你身體原本的東西喔！因為經年累月的使用，造成的受傷修復（我們稱做「慢性發炎」），是導致腫瘤形成的重要關鍵。

當然有些原因會讓這過程更快形成腫瘤，例如：如果有貓愛滋病或是貓白血病感染，就會增加五倍以上淋巴腫瘤形成的機會；又或者，如果生你的貓拔拔麻麻特別的體弱，也可能把不好的體質遺傳給你，讓你更有機會形成腫瘤。

你和你的拔拔麻麻都很勇敢！我知道喔！因為很多其他狗狗貓貓的拔拔麻麻都很害怕化療的副作用，因為他們不知道其實化療並沒有他們想像的恐怖。動物在接受化療的時候，平均來說只有20%會出現明顯或是嚴重的副作用喔！換句話說，就是五隻接受化療的動物，有四隻都不會有明顯的不舒服！

在接受化療之後，如果配合我們給予的預防性藥物，也會把不舒服的機會再降低。所以能夠把黑黑趕走，不是只有我的功勞喔！還有你辛苦的拔拔麻麻幫忙，當然也少不了配合的你囉！所以最帥的就是你啦！

吳鈞鴻 獸醫師

2020 . 9 . 23

5.03 公斤。超音波看到的胃壁正常，淋巴結與腸道、肝腎等狀況維持正常。血檢部分，EOS 偏低是化療藥的作用，其餘白血球、紅血球與嗜中性球都正常。

因為目前改的口服化療是讓藥效維持久一點，因此紅血球稍低在正常範圍，可維持現在用藥的週期。

2020 . 12 . 3

體重 5.14 公斤，有變重一點，外觀看起來有明顯變胖，小君親自迎接，谷柑很開心，都不看小吳。

超音波發現胰臟上方有一點白色增生物，通常是良性，發生原因一種是年紀大，一種是因為這部位曾經接受腫瘤治療，算是治療後的結痂，不用太擔心，其餘都很好，狀況穩定。

血檢部分總體很好，白血球偏低但在可接受範圍。營養狀況好，其中一個指數偏低，是因為化療藥的關係，都在合理範圍。

2021 . 1 . 6

體重 4.96 公斤，不過是不同機器測量的。

血檢整體不錯，腎臟指數偏低，原因可能是蛋白質攝取較少，但不要偏高都是好的方向。

超音波檢查整體都很好。上次發現胰臟上方的白色物質已經看不太清楚，小吳說會消失的都是好的，可能之前有稍微發炎但現在沒有了。

這次有特別照一下谷柑肚子那邊的脂肪給我們看，很含蓄的說這一層還不錯，腸子的大便狀況沒有太明顯的累積，下一次會考慮類固醇劑量再減少，可能一天兩次左右。

有提起到時類固醇減量，有可能會讓胃口變得不好。年前那次檢查再確認。

2021 . 3 . 18

體重 5.11 公斤，超音波看到胃壁的厚度正常，淋巴結的大小也正常。另外發現小腸有一小段收縮較快，可能是因為食物太油或是其他原因讓食物不好消化，但這是偶發事件。

腎臟有一小塊白色，但這是老化狀態，很正常。

大便的狀況雖然多但沒有過硬，狀況很好。

血檢很正常，這一次用藥時間拉長到三週，原本是兩週半。

2021 . 4 . 29

腸胃消化道的淋巴都屬正常，腎臟有小小的缺角，但那可能是老化或是之前
治療淋巴癌受的傷，但不一定影響功能，因為血檢正常。

除了水喝太少要多喝，也發現膀胱尿液有點濃。

小君還幫他抽血……另外還有粉絲來看谷柑。

2021 . 6 . 10

血檢正常，超音波檢查也都穩定，BN 值偏低是屬於活動量少。

後腳循環沒有那麼好，也連帶排便狀態，長期服用類固醇會影響腸胃蠕動，
要慢慢增加谷柑的運動量，讓肌肉量增加。

這次療程開始改成一週吃五次類固醇，試著開始減量兩次。

觀察是否有不舒服（腸胃狀況、食慾不好），判斷應該不會有太大影響。

谷柑

2021 . 9 . 20

　　小吳，還有小君，中秋節好：

　　我是谷柑。收到我寫的信，有沒有嚇到？

　　我們那天才見面，而且我很開心，你們也鬆了一口氣。跟媽媽
說了，媽媽也很高興。

　　我想要繼續跟小吳寫信。之前我們聊肚子裡黑黑的事，然後好
像差不多了，可是後來發現我身體有地方空空的【媽媽補充：谷
柑是指腎的狀況】，我沮喪了一下下，可是比知道黑黑的時候好
很多了。我想，我是老了吧，身體才會這樣，雖然我不喜歡，可
是也沒有辦法。

　　小吳，謝謝你，都有幫我看身體。

　　小君，我最喜歡你好溫柔說話、把我，這樣，我一個人看小吳
的時候，就更勇敢了。

我好像知道勇敢是什麼了。小吳，你覺得勇敢是什麼呢？

谷柑身體的黑黑，還有空空的感覺，不會好了對吧？那我還可以做些什麼呢？

小吳你回答我，我們就可以把它放在書裡面，跟大家說。我想，大家也都想知道，因為有時候，根本也不知道怎麼辦才好。

媽媽也是不知道的，可是她都有勇敢，然後找到小吳。

谷柑有黑黑的，也空空的，可是想要繼續努力。小吳，你會怎麼說呢？我們開始再來寫信，好不好？

谷柑

Dear 谷柑～

我怕你太期待回信，先跟你說一聲！

我有收到信，你等我一下喔！

小吳醫生

2021.9.22

小吳

小吳醫生

谷柑你好：

很高興收到你的來信，沒想到再回你，已經過 2021.10.18
了國慶日了！

之前每次檢查完都很開心，因為看到黑黑沒有再出現，看你
又可以多穩定一陣子，就讓我覺得很欣慰。但是那天第一次看到
「空空」出現的時候，還真讓我有點擔心，因為本來預計要讓黑
黑消失的治療變得沒辦法繼續下去，其實我也有點擔心，不知道
停掉化療會不會讓已經穩定的黑黑又在跑出來，不過這也只能靠
定期追蹤去確認。你會乖乖配合吧？

會有「空空」出現，不單純只是因為你變老了。因為之前為了
控制黑黑所做的化療，其實也是一種破壞性的治療，要把黑黑從
你身體裡面殺光，就有可能會傷害到身體裡面的正常細胞。

我常常跟其他的家長們說，雖然化療可能會有副作用，但是沒
有醫生會故意想要傷害你們，我們會盡可能地評估，去決定一個
你們可以接受的劑量，來降低化療後出現的風險！

這也可以說是為了控制黑黑，身體所必須犧牲付出的代價。這
樣你可以了解嗎？

雖然很遺憾你有「空空」出現，但是我們不是什麼都不做喔！
最近你可能會發現，你吃的藥種類變少了。因為「空空」的出現，
我們會適時地調整適合你身體使用的藥物，必要的時候，可能會
提前停掉你現在正在控制黑黑的用藥（化療藥物和類固醇）。

除此之外，你也有很多功課必須要配合我們。

像是第一件事情就是跟你爸爸媽媽說，要戒掉吃零食的習慣，
因為大多的零食都是肉類（蛋白質）組成，可能會對你的腎臟有

負擔。我知道你一開始可能很難接受，但是在回診的時候，聽到你的爸爸媽媽說你已經成功戒掉零食，我真的覺得你超棒的！

第二件事情就是，更換對腎臟好的處方飼料。不知道你會不會不喜歡現在新的乾乾？

對腎臟好的處方飼料當中，會控制磷離子的含量，並添加不飽和脂肪酸，這些調整都會讓你的腎臟消耗不會這麼的快。簡單地說，就是讓你可以再陪爸爸媽媽久一點的時間，不會太快因為腎臟的問題而出現不舒服的情況。你這麼貼心，一定會努力配合的吧？

第三件事情，控制體重不要發胖，也是很重要的喔！纖纖合度的身材，除了不會因為過多的熱量導致腎臟的負擔增加，帥帥的身材才會變成萬人迷，歐歐也才會愛上你啦！如果你變成一個胖大叔，會不會少了很多粉絲呢？（笑）

最後一件事情，就是多喝水多喝水。水分是幫助身體把產生的垃圾帶走的很重要媒介，所以「多喝水沒事，沒事多喝水」在大部分時候，真的蠻重要的喔！

不是只有柑柑會變老喔！人也會變老。當變老的時候，身體裡的器官也會跟著變老。柑柑變老了，還是一樣可愛，不用擔心喔！因為我們都在！

PS. 你問我什麼是勇敢……其實我也不知道？因為我不勇敢，我也害怕很多東西。我害怕吃秋葵、害怕很多海鮮，我怕雲霄飛車、怕高，我也怕死、怕生病、更怕你們，沒能陪我久一點……

但是害怕並不可恥喔！有時候正是因為我們知道害怕，才會更想找出方法解決。而且一定、一定要說到你耳朵長繭的事情就是：我們都在，會陪著你一起面對未來的難關喔！

小吳

2021.11.10

目前會觀察膀胱附近的淋巴結，目前偏向明顯，要追蹤，其餘腸胃的部分都正常。

小吳提醒，谷柑的腫瘤如果轉移，整個腹腔都有可能，未必只在原本的位置。

2021.11.29

檢查都 OK，大便量蠻多的，腸子有一小段痙攣，觀察後覺得沒有大問題，上次的淋巴現在也恢復正常。

血檢正常，腎指數有比上次高一點，小吳說應該是大便太多，腎要處理比較多的廢物。

目前拉長到六週回診，兩天吃一次藥，軟便劑拉高到 2 cc。。

2022.1.10

血檢都正常。

超音波檢查胃的部分維持得很好，腎臟外型因為慢性老化有點不規則，但那是不可逆的，其餘腸子狀況都 OK。

2022.2.18

回診體重 5.23 公斤維持原本狀況，超音波目前淋巴部分都正常，血檢部分，要觀察的腎指數都在標準值，考慮類固醇用藥頻率，從兩天一次改為三天一次，然後未來觀察服復發跡象可以從嘔吐、空舔以及體重突然降低來看。

小君稱讚谷柑穿虎王衣服是衣架子。

小吳你好，小君也好：

　昨天只有抽血，也沒有小君，可是看到小吳我還是覺得很好。很好的意思是覺得安心，而且你是我的好朋友，好朋友見面就是開心。

2022.3.10

　　媽媽說，昨天的抽血是小吳的心意【媽媽說明：協助建立癌症風險篩檢指標】，是醫學上面的進步，也有機會可以幫助到以後其他的貓咪。我覺得這樣很重要，也是我想做的事，可以幫助人（貓咪）的事情，我跟媽媽還有爸爸都很願意喔。

　　媽媽有想起那時候，為了找到我身上黑黑的地方，真的很辛苦。我們做了很多檢查，媽媽每一次都很難過，因為我抽了很多血，還要一直出門，最後還要等（結果）。那樣的過程，希望不要再來了，也希望大家都不要這樣經歷。

　　小吳，你都記得每個病患嗎？你好厲害，也好辛苦，每個人的痛跟黑黑，你都要看著，你是怎麼處理跟調整自己的呢？你的心，是不是會很累，而且你這樣要分很多份自己給大家，這不是簡單容易的。我的媽媽分出去工作，我都不喜歡了，你分出去這麼多（份），到底是怎麼辦到的呢？

　　最近天氣終於比較晴朗，我也比較喜歡在窗邊，因為可以曬太陽。曬太陽會香香的，媽媽喜歡。小吳，你喜歡的也是有太陽的好天氣嗎？下雨天也不是不喜歡啦，但暗暗的，就比較不是亮亮的那麼舒服，這是我的感覺。

　　小吳，我們的書，會三四五六七刷喔，這個是會長（愛柑柑後援會）跟我說的。她說有二刷，也還會有三四五六七刷，我不知道那是什麼感覺，媽媽解釋說，那就是書會被很多人看到。我們可以辦到的，對吧！

　　小吳最近還是很忙嗎？你可以跟我分享你在忙什麼喔。

谷柑

小吳醫生

柑柑晚安～

　　那天有跟你媽媽解釋喔，這次抽血的目的，主 2022. 4. 12
要是去做一個癌症風險篩檢的指標。人類已經有很多這種癌症篩
檢的指標，也就是說，可以透過驗血知道你身體裡面有黑黑的機
率高不高。如果是機率高的動物，我們就會再做下一步的檢查去
確認這些事情，盡可能找出所有的黑黑，達到「提早發現、及早
治療」來控制黑黑喔！聽起來是不是很棒！

　　告訴你一個小祕密喔！其實很多時候我根本記不得每一個病
患，但是有個東西叫做「病歷」，每次看診的時候我們都會記錄
這次的狀況、用藥，所以你們來的時候，我就可以知道這次要做
什麼？追蹤什麼……

　　再告訴你一個小祕密。曾經有一次放假的時候，在路上碰到一
隻狗狗的媽媽，當她跟我說：「吳醫師你知道我是誰嗎？」老實
說……我當下腦袋是一片空白@@，不過也只能故作鎮靜！

　　雖然我記不得所有的病患，但是我知道獸醫工作的宗旨是什
麼。你會想知道嗎？那就是「我們必須要為每個毛孩發聲，並幫
助他們遠離病痛」。所以，面對不舒服的毛孩，獸醫的工作就是
要為家長們指路，幫助毛孩發聲，讓他的爸爸媽媽能知道自己寶
貝實際上的狀況。

　　然後，我喜歡晴天喔！也喜歡雨過天晴的天空，因為好像可以
把所有不開心都沖掉喔！

　　看診的時候也是，有時陰，有時晴；有人狀況變好了，但是有
人還在惡化。當然我們都希望好事發生，但是事情常常沒這麼順
利……不過還好，你就是小太陽啊！看你的診時是我最開心的時

候喔！也希望有越來越多像你一樣厲害的毛小孩，這樣什麼困難都不會打倒我們！

小吳

2022 . 5. 12

谷柑血檢正常。

不過在膀胱前緣發現淺灰色的淋巴結，一週半後會回診做針刺，看是否復發或只是增生……

2022 . 7. 14

血檢正常。

上次檢查出的低度惡性腫瘤部分大小維持差不多（稍大），質地沒有變更黑，邊緣比較模糊，用藥有控制住。小吳醫生判斷可以多加一顆化療藥，因為谷柑對化療藥的副作用沒有很明顯。

今天谷柑一直在等小君來抱他，但是小君很忙，小吳找了兩位姊姊替谷柑抽血，谷柑蠻開心的。

下次維持三週後來看診，可以跟阿咪呀（胖咪）一起來看小吳。

小吳：

你都好嗎？我昨天晚上聽到胖咪的消息，覺得好難過。我想要安慰胖咪跟乾媽，可是不知道怎麼辦比較好。你跟小君都好嗎？

2022 . 9. 2

我問媽媽，為什麼胖咪會這樣？她都有乖乖吃藥，也有給小吳小君看看摸摸，媽媽說她不知道。但媽媽說，小吳很努力，小君很努力，胖咪也是，乾媽也是。黑黑的東西實在討人厭，努力也

不一定可以趕走他們。

　　小吳，每一次面對這種狀況，你都會怎麼說呢？媽媽跟阿巴都說，小吳的說明都很冷靜卻又很溫暖，所以他們比較不會怕，也知道該怎麼辦。我聽你們在講話，也都知道發生什麼事，小吳的反應也真的讓我不抖抖喔。我知道可以相信小吳，知道可以聽小君的話，然後我跟媽媽、阿巴都會好好的。

　　這是不是就叫做信心呢？

　　小吳有信心，谷柑也有信心，就可以一起繼續面對黑黑。我好希望這世界上沒有黑黑，就不會有那麼多不舒服跟眼淚。

　　小吳，我的身體發現了第二次的黑黑，你會害怕嗎？我這一次沒有那麼緊張的感覺了，因為你跟小君都會照顧好我，我也知道吃藥會幫助控制黑黑，知道了，似乎就可以不緊張了。小吳，是不是因為你都知道了，所以都不緊張了呢？

谷柑

谷柑

小吳：

　　像昨天那樣可以看到你跟小君，真的是很好的事，不是在醫院做檢查的話就更好了。

2022.10.14

　　媽媽說她每次去醫院都會忘記要緊張，因為我都表現得像是要出門去玩（看朋友），我想，我這樣的心態調整得算是很棒吧？

雖然每次你在看我肚子的時候，我也會有點緊張到忘記呼吸，因為不知道你有沒有看到不好的黑黑。

昨天在等你們的時候，我問媽媽，小吳一整天的生活是怎麼樣的啊？媽媽說她不是醫生，她也不知道，她說我可以寫信問你。所以我就請媽媽寫信了。

有時候也會有人好奇谷柑一整天都在做什麼，我也可以跟你分享：我會踩爸爸（有時候是媽媽）起床，因為肚子餓了想要吃飯，然後就會洗澡，趴著發呆，有時候不小心又睡著。然後會在家裡走一走，看看窗外，看看妹妹們在做什麼，我很喜歡看著窗外發呆，想一些事情。

偶爾會看書，看媽媽攤在沙發旁邊的書，有些我也看不懂，有些我就找字來看，中間會再去吃點飯，上個廁所，有時候得幫妹妹整理貓砂。

每天最期待的是等媽媽開門回家，我會迎接她。媽媽洗完手就會把把摸摸我，我會趴在旁邊看媽媽吃飯看電視，然後自己會再睡一下，最後等媽媽放飯。

吃完飯我很喜歡躲到床底下，因為媽媽會找我，她要餵藥，媽媽爸爸那時候會聯合起來一起趴在床下推我，我覺得很好玩。吃完藥我會再洗洗澡，然後一起上床睡覺。

這就是我的一天。

我也想知道小吳的一天，應該很多人也想知道吧！小吳在醫院的時候應該都很忙，真的很辛苦。

谷柑

小吳醫生

哈囉谷柑！

遲遲沒有回你信，除了忙之外也是有點逃　2022.10.21
避……

胖咪的事情仍讓我有點遺憾，遺憾緣分這麼短暫，沒有讓我們再多相處一下。另外，也有點怪你乾媽一直生父、生父的叫（乾媽常常開玩笑的說，胖咪親生父親和母親是我和小君），叫得我也有點放不下胖咪，內心裡一直在掙扎，怎麼做對她比較好？怎麼做才不會讓她不舒服……

好多的意外在那一週的時間裡同時襲來，不管是你乾媽的確診，讓她不能出門，還是因為胖咪的腎臟狀況，最後惡化到腫瘤侵犯……，都讓我們非常難過。有時候我們也很無力，一樣的腫瘤但是不同的惡性程度，就會出現截然不同的結果。

你覺得我看診很冷靜嗎？

確實！大部分在看診的時候，我們會儘量讓自己抽身出來，用最客觀的角色，幫忙家長分析利害關係。

另外，獸醫師也要扮演幫你們發聲的角色，告訴爸爸媽媽你們的身體有沒有病痛，怎麼做對你們比較好。在講解病情時，我們會儘量讓自己不要有太多的私人感情干擾！

但是，一整天的忙碌後，回到家中，放下獸醫師的身分，我們也一樣有一顆肉做的心。往往在夜深人靜的時候，我會和小君討論著生病的寶貝的狀況，有時會有新的想法，可以讓我為你們多做一點事情。但是有時討論是沒有答案的，最後只能嘆口氣，闔眼睡去……

所以……你覺得我會緊張嗎？如果有……我希望可以藏得好好

的，因為我希望我（腫瘤科獸醫師）可以帶給你們力量和溫暖！幫助你們面對每一次黑黑，管他是第幾次，我們都會勇敢面對。

也謝謝你告訴我，我有讓你和爸爸媽媽感到安心，這對我來說就是最好的。

小吳

（天氣好冷，小吳小君還有妹妹們不要冷）

小吳：

2022.12.17

最近天氣變冷了，你們都好嗎？我在家裡都有暖氣吹，也有穿衣服，妹妹們都躲在棉被裡。不過我其實不怕冷，只是很喜歡暖氣暖暖的感覺，很舒服很好睡喔。

媽媽有讓我看到小吳在一月份又有腫瘤講座了，小吳好厲害，媽媽也說小吳很偉大，一直在跟大家分享正確的觀念。小吳，你為什麼會做這樣的事情呢？我的乾媽也很喜歡分享，你們都是怎麼想的呢？

媽媽最近在幫我寫第二本繪本的內容，也還要寫腫瘤書，我希望我的繪本也可以把跟小吳的故事寫進去，你覺得這樣好嗎？

大家都要暖暖喔！

谷柑

2022 . 12. 29

這個月有兩次大便稍軟，以及兩、三天食慾不好。小吳判斷原因之一是腎臟狀況不好，一是化療藥讓腸胃敏感，也有可能因為偷吃妹妹的乾乾，腸胃不適而影響食慾。

超音波看到淋巴結都正常，腎臟有老化現象，邊緣不明顯，屬於正常，繼續吃魚油保健就好。

膀胱發現明顯雜質，有些有貼附在膀胱壁，跟壓力有關，通常可以吃膀胱黏膜保護劑，預防日後堵塞。

血檢正常，腎臟單獨檢驗 SDMA 等數據也都正常，目前維持六週回診。

因為冬天水喝得少又少動，會讓循環不好，導致腸胃吸收狀況差或是排便偏軟與食慾不振，冬天儘量讓谷柑多動。

2023 . 3. 8

體重 5.2 公斤。

下週要洗牙，這週先例行性回診。

超音波看腸胃道的厚度都正常（0.3），小吳覺得谷柑肚子很空很好，但谷柑覺得很餓。淋巴結的部分變得更不明顯，只是大便有點多。在家統計三天大一次。

照超音波的時候，谷柑跟小吳說：「我是不是老了？」

小吳說：「哈哈，你吃了那麼多藥才意識到自己老了啊……」

谷柑：「老了是不是不好？」

小吳：「老了沒有不好，只是要多注意一些事情。老了也有好的地方，會經歷更多事，會找到很多事。」

今天同時要給洗牙的劉醫生診斷，但谷柑比較喜歡小君，一直問為什麼小吳不會洗牙，這樣他就可以看到小君了。

血檢一切正常，SDMA 腎臟指數也都正常。

十五日下午一點來洗牙，預計費用一萬多。前一天需要禁食與早上禁水。

小吳：

這封信，希望你也可以給小君看。

2023.3.12

首先要謝謝你們，幫我找了好醫生，幫我洗牙。也謝謝你們，陪著我醒來，醒來看到有你們的感覺真的很好。那是安心的感覺，雖然媽媽爸爸不在，但你們在，我也不那麼擔心了。

後來回家路上，我一直想要自己在爸爸車上走來走去，像沒有麻醉過一樣，但一直跌倒站不穩，媽媽只能一直扶著我、把著我，真是很奇怪。

回家後也是喔。我走兩步就撐不住了，力氣好像在、又好像不在，因為腳會一直軟掉，真的是很奇怪哪。

想要跳高也不行，上廁所也不行，都要媽媽爸爸幫忙，真的是很不方便啊。

媽媽說，你們一直都在關心我的狀況，我真的好感動。有你們一直記得我，還挑了好可愛的禮物給我，真的超適合我的喔。

我今天完全都好了喔，晚上吃東西又有點咳咳，媽媽說等週四回診會跟你討論，希望一切都好，但我不會害怕，因為我有媽媽、爸爸還有你跟小君，一定都會好好的。

我們都要好好的喔。

谷柑

2023 . 3. 15

今天是麻醉的回診，觀察身體對於麻醉之後的反應，血檢數字都很正常，SDMA 稍微偏高仍在安全值內，小吳判斷是正常，不要超過就好。

上一次喉嚨扁桃腺發炎，將痰送去化驗，裡面只有微量的細菌，是因為二次感染的關係，不是壞東西也不是淋巴結轉移，後來劉醫生進來幫忙看扁桃腺，有消腫一點，因此小吳會更換抗生素

兩週後會再回診追蹤看是否消腫，因為這裡發炎也有可能是化療藥讓他免疫力稍微下降，下一次要吃微量的 GABA 來看扁桃腺。

小吳醫生

哈囉谷柑～

看你回診像是沒事一樣，覺得真是太好了！那 2023 . 3. 23
天回診我們為了確認你扁桃腺上的腫塊，所以必須打開你的嘴巴，我覺得你好勇敢。我知道那不是舒服的事情，也知道你一臉不願意的配合我們，一次又一次的打開嘴巴來看看，你真的「長大」了。

那天你問我：「我是不是老了？」

我開玩笑的回你：「你怎麼到現在才知道！」

其實我想對你說的是，年齡真的不是最重要的事情！很多時候病患的拔拔麻麻，因為生病的小孩年紀大了，都會對我說：「他真的很老了，我們是不是不應該做手術……做化療……等等？」

但是，真正影響治療建議的，其實是身體的客觀條件。如果要確認這件事，通常需要影像檢查（例如：X光、超音波……）和血液檢查……等等。試想如果一個老人家，但是他有強健的體魄，他的麻醉風險也不一定會很高喔！

除了客觀的身體條件，獸醫師會收集所有的資料得出最後的結

論，而這個建議一定是有很高的機會能為病患帶來有益的事情，我們才會建議的喔！雖然不管是手術還是腫瘤控制都沒有絕對安全的保證，但是我們一定會盡我們所能幫忙。

最後，不要因為老了而自怨自艾，我們都要讓我們自己擁有「年輕」的體魄和年輕的心喔！

小吳

2023 . 4 . 27

4.95 公斤，有一點變瘦（上次 5.04 公斤），小吳覺得還好。

腸子附近發現一個淋巴結，很小，研判跟之前發現的那個一樣，是原生淋巴腫瘤影響，就是有時候會出現、有時候變小，但還好，影響不大。有症狀時可以觀察，維持四週的用藥。可以多吃一點妹妹的飼料，因為血檢正常，腎臟指數也恢復正常，有空間吃一點「違禁品」……

今天媽媽去日本玩，谷柑臉臭，小吳說以為媽媽不在兩、三天了。

谷柑
2023 . 7 . 7

小吳：

結果我的身體裡的黑黑又長出來了，我們又要一起來打黑黑了。我們一定可以的，是吧。

爸爸昨天回家後有點悶悶的，只是他不說，我就在旁邊陪他，我希望他知道我跟你是很厲害的，我們會很努力的。

媽媽昨天晚餐跟好朋友去吃飯，我知道她也有擔心，只是她也不說。

我只好來跟你說，信心喊話一下，但是也不知道你跟小君是不是也有憂心。

昨天我真的覺得你很帥氣，當你在講解病情跟治療方式給啾還有 Winnie 聽的時候。我那個時候也很認真在聽，因為我想知道別人的黑黑跟我的有什麼不一樣，我也想知道你都是怎麼跟別人說話的。

媽媽說我們的書很受期待，我自己也很期待，我想到的是，這也是一本未完成的書，因為你跟我都還在打黑黑的路上，這樣一本不知道什麼時候會寫完的書，是特別的吧，大家會喜歡的吧。

最近天氣真的太熱了，我知道你們要我多吃點，我會吃的。

谷柑

小吳醫生

嗨～谷柑

我覺得每個人都像是一本書，都是自己的故事 2023.9.18
主角喔。而我大概就是你們故事中的一個配角。我常常在想，我這個配角扮演了什麼角色呢？思考了很久，我覺得我的工作就像是齒輪吧！當我們彼此的齒輪嚙合，希望靠我的能力能再幫助你們轉動，從中不斷調整治療，滿心期盼著希望能又帶給一個故事新的生命，譜出更多更多的精彩篇章。

你之前問我，我一整天工作在做什麼？我想我應該是做著「轉

動別人齒輪的工作」吧！希望你們都可以好好地前進，好好的走。有時來的問題很簡單，只需要吃吃藥，調整生活作息，或是觀察就可以。就像小木偶一樣，重新調整齒輪，上緊發條就可以順利地前進了。但是有時候問題很複雜，可能要打開來才可以檢修，甚至需要清掉裡面不好的「黑黑」，才能夠校正好，順利重新運作。當然……也有我們也無能為力的時候，不過就算沒有辦法回到最好的狀態，我們也希望儘量處理到不會太不舒服，還可以前進的狀態。

　　每天每天其實不是一個輕鬆的工作，但是每一次走進診間面對不同的病患時，流失的能量好像又在你們可愛的身影上找到了點慰藉，又可以繼續下去這個工作。因為能幫助到你們是一種成就，能陪伴你們是一種福份。

——分隔線——

還沒來得及回你的來信，就看到回診時不舒服的你了……。老實說因為很擔心你在家精神變差，也不太吃飯的樣子，所以請媽媽爸爸趕快帶你回來。你因為化療出現貧血和急性胰臟炎，感覺你變虛弱了，雖然用的都和之前的藥物相同，劑也沒有改變，但是這次並沒有讓你更好……

回家調整控制的那幾天，媽媽都有跟我說你的狀況，我知道你心裡很努力，但是老實說檢查的結果並不理想。

我必須狠心說出要你需要住院的選項……我知道你會擔心害怕，但我無法想像如果你沒變好怎辦？當下我只能盡量抽離你朋友的身分，以一個醫師的角色分析可能對你最好的結果。

討論時我輕輕的和你的爸爸媽媽點到可能會有死亡的風險，我知道我也只能輕輕的說，如果再重一點可能會讓我們心情都跌到更深的谷底。然而最壞的事情仍發生了……

9月8日一早看到你媽媽的訊息，我和小君急忙的跑到醫院，那是你最後一次看著我們，我知道你可能隨時都會離開，因為你連喘氣都很辛苦……。現在想起我仍不願相信這是事實，但它卻已經刻印在我心中。

這一次回信間隔了好幾封，其實我有點逃避……很謝謝你沒有間斷地跟我分享你的心情。其實每一封信第一時間我都有看到，但也許是從你復發開始，一個不好的聲音一直在我心中，本能地提醒我，我們的緣分終究會有個盡頭，老天爺已經對我們很好了。我不敢想也敢算我們一起努力了多久，貪心的以為只要我調整藥物就可以解決一切困難，我們又可以開心的聊天……沒想到等著等著，就是最後一封信了。

最後我想對柑柑你說——你仍是我心中那個最帥、最愛粉紅色、最愛媽媽的柑柑。感恩我們一起奮鬥了那麼久，我們的故事一定會是幫助別的家長和病患，繼續努力下去動力，一定會的，我相信你也看得到！

小吳

第三章

小吳醫生給家長的
癌症治療建議

所有的決定，都是出自對毛孩的愛

所有的決定，
都是出自對毛孩的愛

犬貓是人類常見且重要的伴侶動物，

當他們在人類照護下生活獲得改善、平均壽命延長，

和人一樣的腫瘤問題也跟著浮現。

家長們請不要輕易放棄，

即使毛孩的生命走到了最後，

希望他們仍能在緩和醫療的呵護下，

擁有基本的生活品質與尊嚴。

犬貓腫瘤科獸醫師　吳鈴瑽

　　根據一〇三年台北市犬貓十大死亡原因調查，腫瘤都位居第一；美國獸醫腫瘤協會近期公布的犬貓死亡原因調查，因腫瘤死亡的犬隻約佔47%、貓大約佔32%，同樣排名第一。在臨床上，犬隻一輩子有四分之一的機率可能罹患惡性腫瘤，超過十歲以上的犬隻，更有一半以上的罹癌可能。因此，對於高齡犬貓來說，腫瘤的威脅不可不慎。

癌寵家長最常問的 10 個 QA

Q1 知道毛孩有腫瘤後，第一步該做什麼？

Ⓐ 請參見 P.98 的方式試著冷靜，記得要找腫瘤科獸醫師討論後續計畫。

Q2 採樣時用針戳進腫塊，會不會導致腫瘤細胞擴散出去？

Ⓐ 請參見 P.85「腫瘤治療計畫評估」。

Q3 化療期間，我的寶貝會出現噁心嘔吐的症狀嗎？

Ⓐ 請參見 P.89「化療」、P100「當我們決定開始治療後，在家要注意什麼事情？」。

Q4 化療的期間，我們家的寶貝可能會有感染的風險嗎？

Ⓐ 請參見 P.101「關於化療期間毛孩的感染風險」。

Q5 化療的過程中，我家寶貝的毛會掉光嗎？

Ⓐ 請參見 P.102「化療對於毛孩毛髮的影響」。

Q6 化療的期間，需要為孩子補強疫苗嗎？

Ⓐ 請參見 P.103「化療期間毛孩的疫苗施打原則」。

Q7 治療期間，寶貝可以接觸其他的人或動物嗎？

Ⓐ 請參見 P.102「毛孩化療期間與人或動物接觸的建議」。

Q8 在化療期間，我可以給家中寶貝吃一些營養補充品嗎？

Ⓐ 請參見 P.94「毛孩在治療期間的營養補充品給予建議」。

Q9 得了腫瘤可以痊癒嗎？

Ⓐ 請參見 P.110「家長最關心的問題——腫瘤能痊癒嗎？」。

Q10 如果有腫瘤的問題，一定要治療嗎？都不管會怎樣？

Ⓐ 請參見 P.95「維持基本生活品質的治療，是絕對必要的」。

當疾病來敲毛孩的門

我的狗狗貓貓為什麼會有腫瘤？

這是最常被家長們提出的問題之一，但是即使在人的醫療上，也沒有一定的答案。而最常造成腫瘤形成的原因，通常是遺傳（heredity）和環境因素（environmental factors）。

在長期的觀察和經驗累積下我們可以發現，某些腫瘤可能較常出現在特定品種的狗狗或是貓貓身上，表示遺傳在這當中扮演了很重要的角色。原因可能是在胚胎時期就發生基因突變（genetic mutations），導致某些品種較常出現某些特定的腫瘤。

然而對於大部分的腫瘤來說，基因突變可以發生在一生當中的任何時間點。而促成這種個體突變（somatic mutations）的因子，包括內在因子（internal factors），如：賀爾蒙失調；或是外在因子（external factors），如：香菸（tobacco smoke）、化學物質（chemicals）或是陽光（sunlight）。

人類約有三分之一的腫瘤發生和環境、生活形態相關。

在獸醫腫瘤學中，已發表可能導致腫瘤的問題包括了：營養、賀爾蒙、病毒和某些致癌物質（carcinogens），例如： 香菸、殺蟲劑、UV 光、石綿（asbestos）。更簡單的說，這類因子就是會造成身體「慢性發炎」的原因。雖然慢性發炎可能會增加腫瘤形成的風險，但並不一定代表這些原因馬上會導致腫瘤形成，身體的免疫系統仍有很多偵錯的機制，可以校正突變的基因，讓它們乖乖穩定，在年輕的時候不被開啟。

免疫系統如何調節和減少腫瘤形成

我先提出一個簡單的比喻讓大家更容易了解。首先，前文提到的「慢性發炎」，就如同一個人「愛亂花錢」揮霍身體的資本，讓原本擁有的本錢慢慢消耗殆盡，諸如：肥胖造成的慢性身體發炎、某些慢性疾病（如：

異位性皮膚炎、免疫性腸炎⋯⋯）的長期刺激，或接觸致癌物讓身體受傷⋯⋯等。而「基因」，就決定了我們身體的這個家「是否有錢」。

好的基因就如同先天底子好，即便有些破壞、花費，也不見得會有不好的事情被啟動。「免疫系統」就好比是「媽媽阻止你花錢」，免疫系統從我們年輕到老，始終扮演著身體內老媽子的角色，一直不斷在偵查並修正錯誤。

所以，腫瘤形成的過程是什麼？就是沒錢（基因不好）又愛花錢（慢性發炎消耗），最後媽媽老了、累了，管不動你（免疫系統疲乏或老化）的結果！接下來，我們再來進一步解釋癌症形成的原因。

癌症形成的原因

基因問題

基因就是身體的資本，在身體夠強健、或是基因沒有先天異常的情況下，比較不易形成腫瘤。體內主要有兩個調控身體修復的基因：一個是促進身體增生修復的基因，另一個則是抑制身體過度生長的基因。這兩個部分就像車子的油門和煞車一樣，必須互相協調，車子才能順利地前進；如果一直踩油門但卻沒有煞車，或者是煞車故障失靈，都有可能會導致腫瘤的形成。

為什麼這個機器會故障呢？就跟剛剛提到的**受傷發炎**和**免疫系統疲乏**有關。

當出現錯誤時，身體會啟動免疫機制來修正異常的細胞複製，但如果這個過程非常頻繁地出現（慢性發炎），或是受到嚴重傷害（接觸高致癌物質），免疫系統有可能也會開始疲乏，進而忽視錯誤的細胞，最終導致腫瘤的形成。所以，所有腫瘤形成都可以視為身體出錯的結果！

總結來說，身體不是到老了才會出錯！就像我們的人生一樣，沒有人不會犯錯，而真正該做的事情是即時修正錯誤！

如果容許這個錯誤存留下來，就有可能形成大患！

第一個原因：可能是錯誤太多而來不及修正，例如：先天基因異常造成的錯誤，或是後天接觸致癌物造成損傷而出現的錯誤。

第二個原因：可能是偵錯或是修正錯誤的能力下降了。這可能是老化的表現，也有可能是先天基因缺陷，也就是「免疫系統變差」的表現。

目前我們仍無法改變與生俱來的基因，但是我們可以做什麼降低或是延遲罹癌風險呢？

不讓壞基因表現！

- 減少暴露致癌的東西，例如：二手菸、過度調味的零食……等。

- 減少身體反覆慢性發炎的可能，例如：反覆的腸胃問題、皮膚問題、泌尿道感染……等。

- 增加補充抗氧化的營養食品，例如：補充不飽和脂肪酸（魚油）、多醣體（葡聚醣）、薑黃……等。

增強免疫力！

如果能維持不老化，或是更精確的說——「不讓免疫系統老化」，是不是就能降低腫瘤的形成，甚至藉此治療腫瘤！

- 增加提升免疫力的營養食品：在還沒有肉眼可見的腫瘤時，這絕對是最好的預防方式！

- 維持良好身體代謝：多運動也是很重要的喔！

腫瘤的醫療抉擇

及早發現，及早治療

我們先簡單地把腫瘤分為兩部分：第一部分是外部腫瘤，就是身體外觀上容易觀察得到的區域，例如皮膚、乳腺、口腔……，還有可以經由外部觸診到的淋巴結；第二部分就是內部腫瘤，像是身體內的胸腔、腹腔、神經系統等，不容易以肉眼觀察到的地方。

如此區別的意義在於：外部腫瘤是可以由家長自行觀察的。舉例來說，如果我們平時有幫家中的毛孩刷牙、做口腔檢查，或是經由皮膚的撫摸、平時健檢的醫生觸診，確認有無明顯的團塊或結節，就更有機會發現腫塊，進而提早處理，提高根治的可能性。

所以毛孩家長們絕對不要小看自己的力量喔！在獸醫癌症發生率的統計當中，綜合來看，如果我們可以好好注意外部腫瘤，就有 80% 的機會能提早發現狗狗腫瘤的形成，以及至少約有 40% 的機會可以發現貓咪的外部腫瘤。

🐾 平日的檢查

雖然貓咪是一種相對比較隱性的動物，就連外部腫瘤的發生機會跟狗狗相比也比較低，但是如果可以提早注意到貓咪體重、食慾、精神方面的變化，加上平常在家定期測量體重的習慣（建議：可以抱著你家的貓咪站在家中的體重機上，再扣除自身的重量，就可以養成在家測量體重的習慣），或是改變任食的餵食習慣，**都很有機會提前發現腫瘤的形成**。

針對不容易發現的內部腫瘤，除了剛剛提到的食慾、精神觀察和體重變化之外，更需要靠平時的預防，例如：過度的運動、控制體重、注意飲食、遠離加工產品，遠離可能的致癌物質（如：香菸），並降低緊迫控制慢性的發炎反應。最後也不要忘記健康檢查的重要性。在狗狗大於八歲，在貓咪超過十歲後，應該每半年至一年做一次完整的健康檢查，以利於提

早發現腫瘤的形成。

🐾 在家剛發現腫瘤時……

如果真的不幸，我們懷疑毛孩的身上有腫瘤形成，或是觀察到異常的精神、食慾改變與體重減輕時，我們應該怎麼辦呢？

家長們最容易發現和觀察到的，就是外部腫瘤。以皮膚為例，如果我們現在面對的敵人就在寶貝的皮膚上，「大小」會是很重要的觀察依據。

腫塊如果在 0.5 公分以下

通常我們會先建議觀察還有記錄，觀察的頻率至少每一個禮拜兩次。如果成長速度是快的，那當然要趕快找醫生檢查處理。

腫塊如果介於 0.5 ～ 1 公分

由於這樣的大小已經是可以考慮做細針檢查的程度，建議去看醫生，做進一步的確認後，制訂後續的治療計劃。醫生有可能建議繼續觀察，或者是考慮進一步治療切除。

腫塊如果大於 1 公分

強烈建議應該要趕快去看醫生做細針檢查。因為能夠長到超過 1 公分的腫塊，往往代表這個腫瘤可能有血管新生的能力，而血管新生，通常是惡性腫瘤的特徵，代表它可以增加吸收患部附近的養分，進而壯大形成更大的團塊。

總而言之，其他如口腔及外部可觸診的淋巴區域也是一樣，腫塊大小和其成長速度的觀察都是非常重要的。如果有惡性的疑慮，交由獸醫師做進一步的檢查以制訂後續的治療方向，才不會錯失先機。

而內部的腫瘤，因為不會有外顯的團塊能夠被發現，因此當寶貝出現食慾、精神不好，體重減輕時，就應該好好向獸醫師諮詢，判斷是否需要

進一步安排檢查。

腫瘤治療計畫評估

我在面對腫瘤初診時，通常會把評估分為以下三個階段：

🐾 第一階段：腫瘤初步評估

針對已發現的腫瘤進行初步的評估。這個部分包括安排細針或粗針的採樣，採樣目的是為了更了解腫瘤本身，後續才能安排最適當的治療計劃。

然而每每向家長提到採樣時，身為獸醫師最常被問到的就是：「採樣時用針戳進腫塊，會不會導致腫瘤細胞跑出去？或是讓腫瘤變得更惡性呢？」

事實上，**腫瘤幾乎不會因為採樣而散播出去**！而且在正確的操作下，可以將這個風險降到最低。雖然有研究指出，腫瘤可能會因為手術過程而散播出去，但是這樣的機率通常不高。另外，還有以下觀念需要跟大家釐清：

1. 其實很多腫瘤細胞天天在落跑

有個祕密必須告訴大家：大多數的惡性腫瘤，其實每天都在偷跑！跑出去的腫瘤細胞，我們稱為「循環腫瘤細胞」（Circulating Tumor Cell, CTC），現在有很多醫學技術可以抓到並證明這件事情。

2. 不是腫瘤跑出去就一定會轉移成功

腫瘤細胞之所以能在原來的位置生存下去（也就是最初看到的腫塊位置），通常是因為它們在那裡建構起堅固的堡壘，而且有著很好的營養來源（也就是血管供應）。不論是自己跑出去的，或是因為採樣導致的，通常很快就會被巡邏的糾察隊（身體的白血球）破壞。

看到這裡家長們一定會擔心，如果免疫細胞沒有捕捉到，是不是就完

了？其實也不能這樣推論。 現在的研究發現，癌症轉移有著「種子與土壤」（Seed and Soil） 的理論關係，即癌細胞轉移並非隨機隨地的發生。如果癌細胞沒有轉移到預計的位置，準備好適合生長的環境（土壤），跑出去的腫瘤（種子）也不是那麼容易能生存。

最後我們得到的結論是：採樣當然可能會短期增加腫瘤細胞跑到血液當中的機會，但並不會大幅的增加轉移風險。

為什麼一定要採樣？

因為採樣可以讓醫師先知道腫瘤種類和大致的情況，好擬訂後續的治療計畫。

採樣的位置通常會選擇在之後可能被切除或是放射治療的區域中，除此之外，如果是末端的採樣，通常會以平行長軸的方向來採樣，在採樣過程中，都會小心不要撕裂腫瘤的表面。懷疑是腫瘤的區域，也不應該擺放引流管（不過也得視情況調整），這會讓腫瘤細胞有機會散播到所有的組織上。而且如果採樣的區域形成水腫（seromas or fluid pockets），也可能會增加腫瘤散播的機會。

舉例：當我們在寶貝的皮膚上發現一處超過 1 公分的團塊，只要大小是符合做細針檢查的原則，我們都會建議進行。以皮膚最常見的惡性腫瘤「肥大細胞瘤」為例，這種腫瘤通常在手術時會需要大範圍切除（3 公分的邊界，跨過一個肌膜），甚至需要移除附近的淋巴結，進一步做臨床分期的評估。所以假使我們沒有先進行細針檢查，只是單純沿著腫瘤邊界切除，將有可能錯失根治的可能性。

哪些情況下，採樣不是必要的診斷程序？

當採樣位置屬於高風險部位（例如：中樞神經或脊髓）、採樣後可能的併發症和手術相同、或是採樣並不會改變之後的治療計畫時，我們便不建議採樣。常見的例子就像是脾臟或是肺臟實質的腫瘤需要手術切除時，

通常不一定會先進行病理診斷。另外，狗的乳腺腫瘤大部分都會直接接受手術，不會先做局部採樣，因為病理結果通常不影響手術的過程。

🐾 第二階段：身體評估

這部分包括了血液檢查、X 光及超音波，目的是為了確認身體是否還有其他疾病，或是有其他身體部位因為腫瘤而受影響迫害，同時也是為了評估身體是否有足夠的本錢（條件）可以進行後續的治療。

🐾 第三階段：進階影像檢查

當有一些高轉移風險，或是一般檢查無法容易確認的區域，像是鼻腔、腦部或是胸腔，通常我們必須仰賴進階的影像檢查，例如：電腦斷層、核磁共振。這些檢查可以協助我們更精準的揪出腫瘤。

以一位乳腺腫瘤病患為例，如果我們初步發現乳腺上有一個團塊，經由細針檢查確定是乳腺腫瘤，但是病患很不幸地在電腦斷層下發現胸腔出現轉移的病灶，那麼原發位置的乳腺腫瘤是否一定要手術切除，我們就會出現不同的思考。因為如果已經發現肺轉移的乳腺腫瘤，即使透過手術切除外部的腫塊也無法達到根治，因此，決定存活時間的長短，可能就跟肺部的轉移較為相關。然而在存活時間被壓縮的情況下，有些家長可能就會選擇安寧照護，而非去嘗試手術治療。

總而言之，這些檢查最終必須要回答我們以下問題：

一、病患確切罹患的是什麼腫瘤？（透過細胞學或是病理報告）

二、腫瘤的惡性程度？（病理分級）

三、腫瘤侵犯到哪個位置？（臨床分期）

四、病患的身體狀況如何？是否有其他慢性疾病？

得到上述資訊之後，腫瘤科獸醫師就可以為病患量身訂做適合病患身體狀況的治療計劃。

治療方案

癌症治療依照治療的範圍，可以分為局部性和全身性的治療。

🐾 局部治療

局部治療包括手術及放射治療，或是一些我們比較少使用的局部化學藥物注射及熱消融治療。

局部治療通常可快速大幅的降低腫瘤體積，也是最有機會根治腫瘤的治療方式。以局部治療而言，**手術仍是獸醫治療腫瘤最主要使用的局部治療方法**。我們常說：雖然手術是老招，但是仍然有效。因為切除腫塊不僅是治療的手段，有時也是診斷工具的一種（採樣）。以狗狗的乳腺腫瘤來說，若手術能完整切除，有將近 75% 的狗狗是可以根治乳腺腫瘤的。當面臨一些潰瘍或是破開的腫塊，手術也可以切除這些造成疼痛的病灶，改善病患的生活品質。

當然，若能移除大部分的腫塊，在多數的研究當中都有機會延長病患的存活時間。不過，手術也不是全然沒有缺點，因為切除所必須承擔的麻醉風險、手術後併發症、短期的疼痛不舒服、甚至失去身體正常功能或外觀的犧牲，往往是讓家長猶豫不決的原因。

例如：一隻上了年紀又有關節炎的黃金獵犬，當他肢端的骨頭出現骨肉瘤時，截肢可能帶來的併發症、功能的喪失，可能不是他所能承受的。這部分往往會需要和家長再三的溝通後，才能夠確立權衡之下適合的治療方案。

另外，**在國外很常採用的局部控制方式就是放射治療**。放射治療主要分為治癒性（Difinitive radiation）和緩解性（Palliative radiation）兩種。治癒性的放射治療通常會有較密集的治療，一週至少要三次以上。在相對短的時間和較低的分次劑量，可以達到我們期望的效果，但是要付出的風

險也相對較高，例如需要短期多次的麻醉（狗貓進行放射治療不像人類這麼方便，因為照射位置不能有所偏差，所以必須在麻醉的狀況下，才能確保照射過程中，動物不會因亂動而增加副作用出現）。同時也因為照射次數較多，所以出現短期副作用的機會也比較高，相對的，費用也更加昂貴。

另一種緩解性的放射治療，就是拉長照射的間隔，通常是一週一次，使用相對較高的放射劑量來達到疼痛控制、維持生活品質的效果。雖然單次劑量提高，但因間隔的時間拉長，身體會有比較長的時間休息及恢復，出現副作用的機率較低。然而相對的，腫瘤也獲得較多的時間休息，所以緩解性的放療不一定能有效地延長存活時間，通常是用來適度抑制腫瘤的增長以及維持生活品質。

很可惜，目前台灣還沒有專門給動物使用的放療機器，所以放射治療並不是目前我們常規使用的局部控制方法。

🐾 全身性治療

全身性治療包括傳統的化療、鐘擺治療（低劑量口服化療藥）、標靶治療以及免疫治療。

化療

傳統的化療原理，可以比喻成用大炮去轟炸敵人，也就是使用高劑量、高強度的化療藥物，對分裂旺盛的細胞進行破壞。身體當中的腫瘤細胞通常是異常分裂最旺盛的細胞，但正常情況下的身體也有分裂旺盛的細胞，例如腸道細胞或是骨髓細胞。所以傳統的化療通常容易出現腸胃道副作用或是骨髓抑制（白血球下降，導致免疫力變差；貧血；血小板減少導致凝血功能下降）。

通常提到化療，家長們最常問我的一句話就是：「他這麼老了！化療又這麼恐怖，一定要化療嗎？」說明化療時，我們最常舉的例子就是淋巴瘤，因為淋巴瘤是所有腫瘤當中對化療藥物反應最好的類型。而且為了降

如何降低化療副作用出現的風險

文中有提到，化療最常出現的副作用主要是腸胃症狀，那我們要如何有效降低這件事情出現的風險呢？通常我們必須在副作用出現之前，就開始使用一些對症藥物。在控制嘔吐的時候，有一個很重要的藥物叫做「止吐寧」，在一些研究中可看到，預防性給予止吐寧，可降低鉑金類化療藥物出現嘔吐的機率二十倍，也可以降低點滴類的化療藥（Doxorubicin，俗稱小紅莓）四倍的嘔吐機率。

此外，化療前也須進行評估，其主要目的在於確認病患是否有潛在的慢性病，因為這可能會增加化療後出現副作用的機率。例如，有心臟病的病患，可能要避開一些有心臟相關毒性的藥物（例如：Doxorubicin）；或者是有慢性腎病的病患，一些腎臟代謝的藥物必須要小心謹慎的使用。

低腫瘤在化療後產生的抗藥性，淋巴瘤的化療通常都是採雞尾酒療法（即合併很多不同的藥物來進行）。如果我們要研究化療後的反應，淋巴瘤化療中的病患絕對是首選。

一篇淋巴瘤相關的研究調查顯示，整體而言，有 92% 的家長並不後悔選擇了化療，其中 68% 的病患生活品質並沒有受到影響，另外 32% 雖然生活品質變糟，但是仍願意接受後續的治療，其最主要的原因是治療有效，或是出現的副作用只是短暫性而可接受的。

其實我們的目標跟家長是一致的——在希望延長存活時間的情況下，如何降低毛孩痛苦、提升生活品質，仍是最主要的目標。所以我們當然也不希望病患出現無法忍受的不適，如果整體的生活品質太糟，即便延長存活時間也不見得是有意義的。

鐘擺治療

鐘擺治療是一種低劑量的口服化療藥控制，通常我們會使用低劑量的化療藥物，但是以較高的頻率來達到防守的效果。使用的化療藥物本身並

沒有直接毒殺腫瘤的效果，重點是調整腫瘤周邊的微環境，就好像我們把一盆植物種在一塊乾枯的土地上，讓它不易成長茁壯。

鐘擺的藥物可以藉由降低腫瘤的血管新生和調整腫瘤周邊的免疫狀況，讓腫瘤不容易攝取到養分，而且在改變免疫狀況之後，身體較好的免疫系統就有更大的機會能控制並維持腫瘤周邊的情形，讓腫瘤不容易向外拓展勢力範圍，類似於餓死腫瘤的方法。

這些治療的原理，雖然已在很多實驗室的研究中被確立，但實際在臨床使用，通常僅能達到防守的效益。也就是說，大部分的腫瘤還是會持續成長，我們只能減緩腫瘤的成長速度，藉以換取更多有生活品質的存活時間。所以面對很多考慮安寧治療的病患，我們會提出合併使用鐘擺治療的方案，來改善生活品質以維持延長存活時間。

標靶治療

標靶治療通常是指藥物本身擁有對特定腫瘤表面的蛋白抑制的特性，藉以達到有選擇性的控制腫瘤，進而減少身體負擔的治療方式。

標靶藥物的優點就是專一性高，針對特定腫瘤設計會有較好的效果，但在其他腫瘤上效益就會變低。不過，標靶治療費用昂貴，以及目前台灣獸醫取得个易、能選擇的並不多，大概是其主要的缺點。

其中目前被廣為使用的多靶點標靶藥物「palladia」就是最經典的例子。這款藥物主要是針對肥大細胞瘤所設計，若使用在狗狗皮膚最常見的惡性腫瘤上，超過 70% 是有效的，其中 43% 是完全消退，或是部分消退。

因為這款藥具有多靶點的特性，所以在一些獸醫研究中，也嘗試應用在其他腫瘤上。雖然效果並沒有在肥大細胞瘤上那般顯著，但是用在其他腫瘤上也有 74% 有效，不過其中僅有 23% 是部分消退。

在大部分的情況中，因為是針對特定的癌症變化去進行抑制，所以標靶藥物有較低的副作用。在一些癌末的病患中，雖然標靶藥物並無法有效

抑制腫瘤的成長，但是在延長存活時間上，可能會有些幫助。

免疫治療

免疫治療主要是透過強化自身的免疫系統，或是藉由外援的免疫細胞來幫忙，目標是希望藉由這些免疫治療，來達到對癌症高轉移性高效率及持久的維持和控制。其中免疫治療分成四種類別：

1. 單株抗體

設計出針對腫瘤上特殊的蛋白表現的抑制抗體，例如在人的淋巴瘤會使用 CD20 的單株抗體來合併化療藥物控制，目前已有不錯的成效，但在獸醫方面，雖然一直有這方面的研究，但成效上還有待確認。

2. 免疫檢查點抑制劑

在人類身上，免疫檢查點抑制劑是個非常偉大的發明，艾利森（James P. Allison）與本庶佑（Tasuku Honjo）博士，就是分別找到了「CTLA-4」、「PD-1」兩個免疫檢查點的學者，進而製造出能阻斷其活化的藥物，還因此獲得 2018 年的諾貝爾獎。

其實簡單地說，免疫檢查點就是免疫 T 細胞的煞車。如果把身體比喻成一個國家，那免疫系統就是身體的軍隊，如果免疫系統不夠強，我們有可能會容易感染疾病，或者沒辦法監控身體裡面是否有變異的細胞形成（進而形成腫瘤）。但是免疫系統又不能太強，太強大的免疫系統會攻擊正常的細胞而引發免疫性疾病，所以正常的免疫系統才會有煞車的機制，用來調節免疫的強弱。但是有些腫瘤細胞非常聰明，它們會刺激或是激活 T 細胞上的免疫檢查點，導致 T 細胞無法辨識癌細胞，以至於無法產生攻擊。所以如果使用免疫檢查點抑制劑，就有可能重啟疲弱的免疫系統，進而達到抑制腫瘤的效果。

一個全新的狗狗免疫檢查點抑制劑（Gilvetmab）今年已經在美國上市了，雖然距離在台灣上市，可能還需要一段不短的時間，但這將會是狗狗

癌症治療的全新里程碑。

3. 腫瘤細胞疫苗

腫瘤疫苗的原理跟一般我們施打的疫苗很像，目的都是刺激免疫系統辨認出迫害身體的物質。最大的差別在於，腫瘤疫苗大多需要從病患身上取下癌細胞，並客製化成病患獨有的疫苗，再施打到病患體中。目前獸醫最常使用的腫瘤疫苗就是犬黑色素瘤的樹狀細胞疫苗，雖然研究顯示，合併疫苗控制可降低轉移的機率並延長存活時間，但是黑色素瘤是種非常惡性的腫瘤，即便合併這些進階的治療，要達到一年以上的存活時間，目前仍是相對困難。

4. 免疫細胞治療

在獸醫臨床上最常被使用的是自體免疫細胞回輸治療，簡單地說，就是把動物體內的免疫細胞，藉由抽血的方式提取一部分出來，再經由實驗室的培養，倍化免疫細胞的數量，再將這些免疫細胞回輸到病患體內，藉此提高身體免疫細胞攻擊腫瘤的效益。

【案例分享】

憨憨是一隻約十三歲的米克斯老狗。他第一次來醫院就診時，是因為在台大動物醫院診斷出末期的口腔黑色素瘤，同時腫瘤已經侵犯到他的肺部。在台大使用樹狀細胞疫苗後，並未看到腫瘤有明顯的消退，所以來找我諮詢。

看完憨憨的資料後，我們認為雖然疫苗藉由外援的方式，讓憨憨身體的免疫細胞認得腫瘤，但是實際上被訓練出來的免疫細胞數量並不足以攻擊腫瘤。所以我們建議合併自體免疫細胞回輸治療，來倍化憨憨身體裡面可以控制腫瘤的免疫細胞，藉以加強腫瘤的控制。

在人體上，免疫治療有顯著效益的機會大約兩成，反觀狗貓的免疫治療，我們看到很有效的比例大概僅 10% 不到。但是憨憨是個幸運的孩子，

全身治療

	傳統化療	鐘擺治療	標靶治療	免疫治療
研究	📖📖📖📖	📖📖📖	📖📖📖	📖
效果	💪💪💪	💪	💪💪	⁉️
副作用	☠️☠️☠️	☠️	☠️	☠️
費用	💰💰	💰	💰💰💰	💰💰💰

在兩次免疫細胞回輸後，我們看到胸腔轉移的腫塊有明顯的消退，如果以肺部有轉移的末期口腔黑色素瘤來說，通常的存活時間不會超過一至兩個月，即便使用藥物控制大概也不會超過半年，但是憨憨在合併免疫治療後，整體維持了一年半的存活時間。雖然最終仍然不敵病魔，但他讓我們看到合併免疫治療的奇蹟！

🐾 毛孩治療期間的營養補充品給予建議

在國外的統計中，有 76% 的飼主家長會在毛孩接受治療時，另外給予一些輔助性的治療物品，但是 57% 的家長不會跟他們的醫師說這件事情。

很多家長想在化療期間給予寶貝們一些營養補充的東西，其實並沒有不好，但通常我都會跟家長說：「疾病的治療主要還是依循正規、有足夠研究基礎的治療為主，切勿本末倒置了！」因為大部分的保健品可能在實驗室研究有些成效，但是實際走進臨床，我們很難在單獨使用的情況下看到明顯的效果。

再者，通常接受正規治療的毛孩，可能已經必須服用一些藥物了，過多的保健品可能會增加病患的心理壓力，所以究竟是幫忙還是幫倒忙，值得我們深思。更別說，少數來路不明的保健品會宣稱不實的療效，因而會誤導家長對於正規治療的意願。如果是合併治療，更不知道會不會對正規治療的效果產生影響，甚至增加身體的不適，那就得不償失了。

所以總結來說，如果家長們還是很想嘗試一些保健品，在此提供幾個建議給大家：

1. 選擇較多研究，且公認對於輔助抗癌是有效的產品，例如：多醣體類的保健品（葡聚醣），或是魚油、薑黃……等。

2. 來源必須是安全的！選擇國外大廠或是安全的通路（例如：動物醫院），通常是相對比較安全的作法。

3. 最後一點也是最重要的，請充分與你們的獸醫師討論。

🐾 維持基本生活品質的治療，是絕對必要的

前面談了這麼多的治療方法，如果發現毛孩有腫瘤問題，都不治療會怎樣？

大部分的家長們可能會因為花費，或是考慮治療後可能面臨的副作用，而選擇不對腫瘤做任何事。但是站在腫瘤科醫師的立場，提升生活品質和延長寶貝們的生命，一直是我們努力的目標，其中又以生活品質的提升尤為重要。所以在門診時，病患在完成一系列的檢查評估後，家長就需要和腫瘤科醫師進行後續治療計畫的討論。

我們經常發現，大部分家長對於治療的認知，等同於「拿毛孩很多很多的不舒服，來交換有限的生命」。所以，當家長們預期治療會對毛孩加諸太多痛苦時，往往都選擇拒絕接受任何形式的治療幫助。

但腫瘤的集合治療其實有很多面向，上述提到的大多是腫瘤本身的治

療控制，例如：局部治療（手術、放射治療、局部化學藥劑注射……等），或是其他全身性治療（化學治療、標靶治療、免疫治療……等）。這些手法是我們控制癌症的主力治療沒錯，雖然會有副作用，但其實也沒有家長想像的嚴重。不過另一個更重要、亦能幫助毛孩們降低痛苦和提升生活品質的，是癌症的**安寧緩和照護**（palliative care）。所以，如果你問我：「**癌症不治療可不可以？**」我會回答說：「**不可以！！！**」因為**維持基本生活品質的治療，是絕對必要的。**

「緩和照護」指的是舒緩不舒服症狀，而不特別治療疾病本身的醫療行為。癌症疾病所產生的不舒服，主要來源有兩個：

一、腫瘤本身產生的不適（內源）。

二、為治療所產生的不適（外源）。

不管是內外的不適，緩和照護就像是母親溫暖的手呵護著寶貝，給予最適切的幫助。這其中包括了：疼痛控制的止痛藥物、維持營養所需的食慾促進藥或是腸胃藥物，或是保養品的給予……等。即使剩餘的生命有限，我們仍希望寶貝們是在最小病痛的情況下活著。

在討論治療計畫時，面對突如其來的龐大資訊，確實有很多家長很難在短時間消化全部。雖然面對一般事情的處理，是謀定而後動，但腫瘤的控制是分秒必爭，所以我們不建議家長思考太久，以免錯失可能治療的最佳時間。當你還在思考下一步要怎麼做時，記得為自己設下期限，通常我們建議不要超過一星期。同時在這段等待期間之中，該做的緩和照護絕對是「越早介入」，對動物的生活品質會越好。

而到了最後，如果仍無法藉由藥物改善毛孩的疼痛或不舒服，醫師也會依照毛孩的狀況給予建議，雖然會很不忍心，但是安樂死有可能是最後緩解毛孩痛苦的治療選擇。

拿到病理報告之後

🐾 知道有腫瘤後，第一步該做什麼？

在完成一連串的檢查之後，終於拿到一份確定的報告，此刻是我們最需要和家長討論毛孩癌症狀況的時候。除了告知疾病即將面臨的狀況、治療的方式……等，很多時候我們必須引導家長們了解、接受，並和自己的寶貝一起直面癌症本身。

這不是一件容易的事情，因為通常大部分的狀態，大家已經被悲傷的情緒佔滿整個思緒。而當情緒受到衝擊時，我們的大腦傾向於縮小和專注在引起困擾的點，接下來我們並不會在意其他的事，只記得什麼引起我們心煩。在這種狀態下的家長們，通常只會做出本能的反射作用：**我的寶貝為什麼會有腫瘤？**

當然，這是一個可以花很多時間好好討論的問題，但重要的是，停留在這個想法並無法讓毛孩的狀況變得更好，當前最要緊的，應該是把心思花在如何解決問題上。

此外，家長們也可能會有先入為主的想法：**我不要讓孩子化療！別人都說化療很痛苦！**

坦白說，認為化療很恐怖的，是人的經驗還是動物的經驗呢？人和動物有很多不一樣的地方喔，而且說化療很恐怖的人，真的有讓自己的動物做過化療的經驗嗎？（啊，好像扯遠了）

另外，也有人會開始埋怨怪罪：**一定是○○○害他得腫瘤的！一定是○○○拖累他而延誤治療的？**

其實，此時的埋怨怪罪不會有任何幫助，甚至因為不正確的聯想，導致日後做出更不正確的判斷。之前曾聽聞一個案例是，家長說他的狗因為

吃了一年的心臟藥，最後被心臟藥害死了。但實際上，嚴重的心臟問題，若能靠心臟藥物控制一年以上，其實已經非常厲害了喔！

談了這麼多，當家裡的寶貝罹癌時，第一步到底要做什麼呢？答案就是讓自己冷靜。

我知道這件事情很難，所以家長們不妨試試我的建議，一步一步來：

STEP 1　哭吧！

哭吧！發洩你的情緒，但是記得！給自己的悲傷一個期限。

STEP 2　穩定情緒

面對剛得知自己寶貝罹癌的家長，溝通時我通常會適時的停頓，給予一些緩衝的空間和時間，讓家長可以好好消化、穩定自己的情緒，並思考腫瘤科醫師剛剛說的事情。

STEP 3　設立決定治療計畫的考慮期限

如果真的無法在當下決定後續的治療計畫，記得給自己一個期限，因為腫瘤的治療通常是分秒必爭。你可以和你的毛孩停在原地不前進，但是別忘了腫瘤並不會等你，時間一分一秒在流逝。

STEP 4　不在毛孩面前表現出負面情緒

請千萬記得，不要在毛孩面前表現出負面的情緒，因為這樣對他的病情並沒有幫助。

很多時候我們能發現，動物是可以接收並感受到我們的情緒，例如：當你生氣要罵人時，您家的狗寶貝會夾著尾巴緩慢地靠近你，因為他知道可能會被修理。但是當毛孩面臨腫瘤的問題時，負面的情緒和言語會讓他分不清楚，究竟是不是自己做錯了事情而更加沮喪，這種無論是生理或是心理上的不開心情緒，對癌症的病情絕對沒有幫助。

STEP 5　換個角度思考

　　每多活一天都是老天的恩賜，珍惜並全心愛護仍擁有他的每一刻。我家的黃金獵犬馬斯，因為從小就有不明原因的癲癇，這抗癲癇藥一吃就是一輩子。所以從他七歲之後，我常常覺得每過一年就是賺到一年，因為黃金獵犬本來就是腫瘤的好發犬種，再加上他從小就生病，根本是藥罐子，很謝謝他活到快十三歲才離開我們，我會知足、感恩。

STEP 6　用行動來愛他

　　要記得，你的重點是必須守護你的寶貝。守護不只是帶他看醫生，陪伴也不是用說的而已，你可以做很多事情讓他開心，同時也能讓自己冷靜下來：

- 試著和毛孩說話，每天三、五分鐘也好，向他表達你的感謝。

- 幫毛孩按摩，或是簡單的身體接觸也可以，這是傳達你的愛最直接、也最有效的方式！

- 陪伴毛孩打坐冥想，告訴他也告訴你自己、他這一生從小到大的回憶，這會讓你和毛孩的感情更加親密，也讓你的心靈做好準備。

- 適度、漸進式的提高寶貝的運動量，做一些原有的制式化訓練（例如：坐下、握手……）。

　　因為當動物罹患癌症時，可能會出行動現緩慢和沉鬱的情緒反應，簡單的運動或遊戲刺激，能讓他們有重返生活的感覺，並提升他們的自尊心。此外也能提高毛孩的血液循環和神經系統作用，讓肌肉不至於退化得太快。

　　最後，別忘了給家中的寶貝一個機會，聽聽腫瘤科醫師的意見。當你能冷靜面對，並且接收來自腫瘤科醫師更多不一樣的建議時，我想此時做出的決定才不會後悔。

家長在診間應該問獸醫師的 10 個問題

如果你很慌亂,而不知道應該如何詢問醫師腫瘤相關的問題,
美國動物醫院協會提供癌症病患家長,在診間應該詢問獸醫師的十個問題,希望能幫助到六神無主的家長們!

❶ 腫瘤有機會「治癒」嗎?或是怎樣的治療能同時維持動物的生活品質呢?

❷ 通常需要做什麼事情來「評估分級」家中毛孩的腫瘤嚴重程度呢?

❸ 如果進行治療,寶貝的生活品質會受到多大的影響?能夠維持嗎?

❹ 接下來做的治療(手術?化療?放療?)可能對毛孩產生的影響有哪些?

❺ 如果不進行治療,腫瘤未來會如何轉移呢?會出現哪些相關症狀?

❻ 如果治療或是不治療,預估的存活時間會是多久呢?

❼ 如果開始治療,通常需要多久回診一次評估?

❽ 我應該如何改善毛孩的疼痛不舒服?

❾ 我如何能知道,不需要再進行其他治療?或是應該考慮安樂了呢?

❿ 我想更加了解腫瘤,有其他相關的資料可以協助我理解嗎?

家長在療程後的注意事項

🐾 當我們決定開始治療之後,在家要注意什麼事情?

因為腫瘤的位置不同,出現的狀況也可能會非常不同,建議家長們先跟醫師確認,好有心理準備。例如:肺部腫瘤可能會造成呼吸上的影響,因此觀察每分鐘的呼吸次數(正常每分鐘不超過三十下)就是非常重要的事情;而膀胱的腫瘤,可能就要每天記錄排尿顏色、排尿量、排尿時間、是否有排尿時的行為改變……等。

而不管是哪種腫瘤,毛孩的整體食慾狀況、體重變化、精神狀況還有活動力,以及因為治療後可能的不舒服,也是另一部份觀察的重點。

因為治療衍生的副作用中,最常被詢問的就是「化療後的相關問題」。雖然不同化療藥物仍有些許不同,但整體來說副作用的機率小於 20%,而

大概只有 5% 的情況會嚴重到需要住院觀察，真的因為化療而造成動物死亡的比例，更是低於 0.5%（通常是因為本身腫瘤問題嚴重，或是少數特別對藥物敏感）。

腸胃道副作用通常是其中最常見的，包括：食慾不振、嘔吐、或是下痢，症狀常於化療後一至三天出現，且持續一至三天。通常我們會請家長謹記「333 原則：不吃超過三天、吐拉超過三天、一天嚴重吐拉超過三次，這時請一定要跟醫院聯繫。此外，如果滴水不喝超過一天，也要跟獸醫師說。」因為這些都是有可能演變成嚴重副作用的前兆。

🐾 關於化療期間毛孩的感染風險

化療藥物會攻擊快速分裂的細胞，骨髓細胞也是體內其中一種快速分裂的細胞，所以對化療藥物也很敏感，因此在化療期間，動物的白血球可能經常會有大幅的波動。當白血球偏低時，意味對抗感染的能力也跟著下降。當免疫下降後，容易於身體對外（接觸外界）較大的器官中發生狀況，例如皮膚、呼吸道、腸胃道、泌尿系統。因為有較大的面積與外界接觸，所以在免疫力變差的時候，出現不舒服的機率就會相對提高。但值得慶幸的是，大部分的動物即便白血球很低，也不會出現明顯的不適症狀，也不需要額外的處理，不過以下兩種狀況可能需要使用抗生素來幫忙：

一、面對預期可能有較高感染風險的動物（例如：同時患有糖尿病，或是膀胱炎、牙周病⋯⋯等已經有明確感染問題的動物）時，我們可能會在化療同時給予預防性的抗生素，避免出現嚴重的感染。

二、化療後出現較嚴重症狀的動物（大約 5%）

化療後的嚴重症狀包括發燒，或是其他嚴重的拉肚子或嘔吐⋯⋯等。如果口服抗生素和其他對症藥物沒辦法改善時，就需要住院用注射的方式穩定了。

當然，在我們已預期這些化療藥物可能會導致一些不舒服，對症的藥

物就是必要處置，因為這些藥物可以把副作用的機率降到最低。所以，配合醫師的治療計畫，化療後定期服藥是很重要的。在沒有和醫師討論前，切勿自行停藥或更改吃藥的次數、數量……等。你以為是在減少毛孩的不開心，但有可能只是把他推向更恐怖的結果也說不定！

最後，如果有任何不確定的狀況，請和您的主治醫師討論。化療雖然沒有想像中恐怖，但畢竟也是一種破壞性的治療。醫師在執行化療藥物的目的，都希望可以在獲得最大效益和最小代價的情況下，讓毛孩們過得更好，並且延長他們的壽命。這段過程是需要不斷追蹤調整、互相討論的。

🐾 化療對於毛孩毛髮的影響

人類在接受化療時，掉髮是很常見的副作用之一，對於接受化療的人來說，對情緒會造成很大的打擊。但幸運的是，**動物很少會因為化療造成所有的毛髮脫落**，即便是有，他們也不太會因為沒有毛而感到煩惱。因為大部分犬貓的毛不是屬於持續生長型，有些毛髮是處於休息的狀態。而化療藥物通常只針對正在生長的細胞（毛髮）做抑制，所以並不會使所有的毛都掉光光喔。

但是，有一些狗狗的毛髮是持續生長的，例如：**貴賓狗（Poodles）、古代牧羊犬（Old English sheepdogs）**……等，這些狗狗就有可能會出現嚴重的脫毛。

而動物在接受化療的期間，可能比較常見的問題是，剃毛之後不會再長出來。另外，在貓咪和某些犬種之中，鬍鬚很有可能也會掉光。在化療結束後，毛髮或是鬍鬚都會再生，但是顏色或質地可能會發生改變。

🐾 毛孩在化療期間與人或動物接觸的建議

化療期間，毛孩接觸的人、事、物如果跟以往都相同，大部分的情況其實不用做什麼太大的改變，你想要抱抱、親親他都沒有問題。

但是必須注意的是，應避免寶貝處於緊張、不舒服的環境，因為在緊

迫的狀況下，會降低身體免疫系統，進而影響治療的狀況。所以帶毛孩去不熟悉的環境、或是跟別的動物打架……等行為，都應該被禁止。

接觸化療藥物的注意事項

化療藥物帶回家中，應放置在安全的地方，以避免小孩或其他動物誤食。

另外，雖然口服的化療藥物外層都有膠囊或是糖衣錠……等形式隔絕，但是在拿取或餵食時，仍應使用手套保護自己。

毛孩排泄物需特別處理

藥物進入身體後，大部分都會被吸收或是轉變成沒有毒性的形式，經由尿液或是糞便排出，但是為了自身和他人的安全，在服藥後三天的這段時間，應避免動物在公共場合大、小便。如果無法避免，應儘量挑選陽光容易曝曬的地方，因為紫外線可幫忙分解少量殘餘的藥物。要清理他們的排泄物時，也應避免直接接觸，萬一不小心碰觸到，也必須馬上清洗乾淨。

清潔室內環境時，可以使用十倍稀釋的漂白水擦拭地面，幫助清除沾染的髒汙，最後記得再用清水清潔一遍。

家中如果有懷孕、哺乳、預備懷孕、免疫力比較差，或是其他身體不適的人，應該要特別留意和治療中動物的相處。

🐾 化療期間毛孩的疫苗施打原則

以目前的研究來看，在化療期間為毛孩接種疫苗是安全的，但獸醫師通常會視情況建議疫苗的需求。因為如果病患在罹癌前都有按時接種疫苗，在化療期間，已經獲得的保護力通常不會消失，所以不用擔心毛孩會感染一些致死的病毒性疾病。

另一方面，也有一些研究人員擔心，某些腫瘤或化療藥物可能會影響骨髓，導致免疫抑制，這些狀況有機會使得在化療期間補強的疫苗無效。

如果疫苗本身是活性減毒製成的話，甚至可能有感染的風險（雖然這機會極低，也還沒有相關足夠的證據可以證實）。然而，疫苗打不打仍存在很多其他面向必須討論，像是公共衛生的問題、法規的問題、病患本身的因素，建議應該和您的腫瘤科獸醫師討論。

🐾 關於體重的重要性

　　在你心目中，癌末的狗狗或貓貓通常是什麼樣子？瘦瘦的？累累的？還是一整天都在休息不太想吃飯？惡體質就是一個持續減少體重（特別是指肌肉）的過程。癌症的狗貓可能因為腫瘤的影響出現體重下降的狀況，如果出現嚴重的體重下降，我們稱這狀態為「惡體質」（cachexia）。人類已經有明確定義可以評估是否有惡體質的狀態，但是目前針對狗貓並沒有詳細的定義。不過我們可以參考人類的惡體質前兆，這些警訊一樣適用罹患癌症的動物：

1. 本身有慢性疾病，例如：腫瘤。

2. 最近半年內有非預期的體重減輕，減輕的比例超過原本體重的 5%。

3. 身體出現慢性或是反覆性的全身性發炎反應（這部分可能需要醫師來檢查確認）。

4. 食慾不佳，或是因為相關的臨床症狀導致食慾不好，例如：腸胃症狀……等。研究發現，雖然只有 4 ～ 5% 的狗狗，在剛發現腫瘤時有嚴重消瘦的狀況（BCS < 4/9）*，比例縱然不高，但另一個研究發現，有將近七成的狗狗在發現腫瘤時，有體重減輕的現象，其中有接近四成的狗狗是超過 5% 以上的體重減輕。如之前所述，意思是可能有超過四成的狗狗出現將要瀕臨惡體質的前兆！

*注釋：全球小動物獸醫學會（WSAVA）有訂定出一套客觀描述狗狗身材的方法，稱之為體態評分系統（Body condition score, BCS），將體態給予 1/9 到 9/9 的評分，以 5/9 最為標準。

　　在這些癌症病患中，導致惡病體質的原因很多，包括食慾不振、活動下降、體內荷爾蒙分泌改變，以及某些癌細胞釋放的因子。癌症動物因為身體不適而減少活動量，如此容易加速心肺功能衰弱及肌肉萎縮，影響生活品質。

　　此外，由於荷爾蒙改變及細胞激素的影響，蛋白質、脂肪及碳水化合物的新陳代謝會發生變化，這使得原本是單純飢餓狀態時，會使用脂肪當作能量的途徑，轉變為優先降解肌肉當作能量的情況，最終像滾雪球一樣不斷朝惡體質邁進。肌肉減少會導致死亡率增加、縮短壽命，有超過三成的癌症狗狗病患出現肌肉減少的現象，貓甚至高達九成。

　　肌肉減少的下一步，就是惡體質。

　　出現惡體質症狀時，會增加病患的死亡率、縮短存活時間、因為肌肉減少導致後腳無力、摔倒意外的發生，可能會增加骨頭肌肉的傷害和生活品質的影響，甚至增加褥瘡發生的可能性。因為整體營養狀況下降也會降低免疫系統功能，讓感染的機會提高。

　　當然，醫師會用藥幫助動物，一方面是為了控制惡體質（控制腫瘤）的源頭，另一方面是給予促進食慾、調整腸胃的藥物。但是我們能做的不僅僅於此，在人醫的研究發現，運動能刺激肌肉蛋白合成，因此認為具有預防惡體質的效果。一些研究顯示，耐力運動（endurance exercise）訓練能改善癌症病患虛弱無力的情形；另一項在末期病患進行的試驗發現，他們仍能施予運動訓練，儘管這麼做已無法改善虛弱的體力，但能顯著增進病患的活動力。所以，適度的鼓勵動物運動，絕對是很重要的事情。我常跟家長們說：適度的運動就是和腫瘤競爭養分，如果你都不抗議，身體就會默許腫瘤的蠶食鯨吞！

關於緩和治療

疼痛觀察（控制疼痛重要嗎？）

目前並沒有確切的研究顯示，有多少比例的癌症病患正在承受不適。

如果參考人類腫瘤病患，約有 25 ～ 50% 會有中等至嚴重的疼痛，到末期甚至大於 75% 以上。在獸醫的病患臨床上，以經驗推估，約有 30 ～ 35% 的癌症動物正在遭受中等至嚴重的疼痛，其中約有 10% 是嚴重等級的疼痛。

🐾 什麼樣的狀況，可能是動物正在表現疼痛呢？

因為動物不會說話，所以很多狀況我們可能只能從行為去懷疑，但可以確定的是，如果動物出現以下這些情況而且持續出現，帶去給醫生檢查會是一個比較好的決定，如果寶貝本身就是腫瘤的患者，那麼這些症狀可能就是疼痛的表現：

- 對患處過度注意 （甚至舔拭或自殘）
- 流口水／吞嚥困難
- 姿勢改變
- 不會理毛（貓）
- 不正常哭叫
- 食慾減退
- 活力下降
- 性格改變
- 躁動，不能好好睡覺
- 變得孤僻
- 理學檢查有心跳數增加、呼吸次數增加、體溫增加、體重下降或是脫水

🐾 哪些腫瘤容易引發疼痛呢？

以下我們依照疼痛的強度做了排序，由上到下依序是嚴重到輕微的情況：

- 骨頭腫瘤
- 發炎型乳房瘤
- 口腔或是鼻腔腫瘤（伴隨骨頭溶解）
- 神經系統腫瘤
- 攝護腺或是泌尿系統腫瘤
- 胸腔或腹腔腫瘤
- 浸潤型或是很大的軟組織肉瘤

因為癌症非常多種，沒有列出的腫瘤，並不表示不會疼痛，實際上還是要看病患的臨床症狀而定。

不過，從以上的排序我們大致可以得到一個結論：如果腫瘤侵犯到骨頭或是神經系統，產生的疼痛感通常比較劇烈，對於生活品質也會產生較大程度的影響。所以一定要記得一件事情：罹患癌症的動物不等於等死！就算我們沒有辦法針對腫瘤做什麼，但控制他們的不舒服，提升生活品質是一定要為病患考慮的。

疼痛治療策略

當我們知道腫瘤會產生疼痛、影響生活品質，那下一步我們要思考的，就是如何控制這些不舒服的狀況。疼痛的控制需要從三個方向來思考：

一、治標 & 治本兼顧

二、多途徑的止痛藥物

三、不斷重新評估

　　當我們提到疼痛控制，直覺想到的就是給予止痛藥，但那只是治標的做法。要控制腫瘤產生的疼痛，控制腫瘤本身並減少腫瘤的大小，才是治本的方式。

　　前文提到緩解型的放射治療，就是一種既能幫助控制疼痛，也可以稍微延長存活時間的局部治療方式。

　　另外，針對乳腺腫瘤，如果局部乳腺的腫塊有出現潰瘍，但腫瘤已經轉移到胸腔，正常的情況下再做局部大範圍的切除意義並不大；但是如果因為潰瘍的傷口導致疼痛和照護上的困難，我們可能會考慮做局部的手術切除腫塊，藉以維持病患的生活品質。

　　熱消融對於口腔容易出血的腫瘤，也有不錯的止血效果，我們經常會在黑色素瘤導致口腔出血時，採用熱消融來控制腫瘤大小。雖然無法延長存活時間，但是局部的腫塊可以不再出血和疼痛，也才有生活品質可言。

　　之前提到的全身性控制，我們也可以選擇一些副作用程度較小的治療方式，例如：鐘擺治療、標靶治療或是免疫治療，來減緩腫瘤成長的速度，這也是一種減緩腫瘤成長以達到控制疼痛的方法。

　　在一些對症治療當中，除了止痛藥之外，還有一些藥物也可以幫助降低疼痛和不舒服。例如一些破壞骨頭的腫瘤像是骨肉瘤，或是一些轉移到骨頭的乳腺瘤，雙磷酸鹽藥物就可以抑制破骨細胞去破壞骨頭，如同在骨頭表面形成一個屏障，讓腫瘤不容易侵入進去破壞骨頭。當骨頭破壞程度下降，產生的疼痛感也會相對減少，所以也可以降低病患的不適。

　　如果病患出現高血鈣（最典型的例子就是罹患淋巴瘤的狗狗），可能會出現發燒、腸胃症狀、神經症狀、腎臟相關的影響，這些都可能會增加病患的不適，除了控制腫瘤之外，類固醇、利尿劑、皮下輸液……等方式，都可以降低高血鈣對身體造成的影響。

　　另外一個經典的例子，就是狗貓常見的肥大細胞瘤。這一類腫瘤在嚴

重的情況下，可能會釋放腫瘤細胞內的一些物質，導致腸胃道的潰瘍進而出現嘔吐，甚至嘔吐中帶血或是黑便的情況。此時，腸胃道的藥物可以緩解這些不舒服的症狀，也是一個很重要的對症治療方式。

疼痛的控制並不是在一開始診斷腫瘤的時候就確定的，在整個腫瘤治療的過程當中，我們必須要不斷地重新評估病患是否出現新的疼痛狀況。在診間，我們會觀察動物的行為表現，或是藉由觸診的方式去確認病患是否有疼痛的狀況，進而進行簡單的分析。

🐾 關於疼痛評估與用藥

在家中，家長也可以藉由疼痛量表觀察毛孩在家中的狀況。在此量表中，必須要由同一位照護者用自己觀察的方式，觀察同一隻動物所做出來的結果，並前後比較才有意義。

若是沒有使用疼痛量表的狀況，門診時我們會透過問診的方式了解病患在家中的狀況，藉此了解是否可能存在疼痛或不適的狀況。當確立疼痛的程度之後，獸醫師會依照疼痛程度來開立適合的藥物。

通常我們會慢慢疊加不同的止痛藥物：輕度的疼痛使用輕度控制的藥物，若是嚴重疼痛，除了合併原有的輕度疼痛藥物之外，再疊加其他的止痛藥物（例如嗎啡類的止痛藥）。合併不同的止痛藥物，可以降低每種藥物所需的劑量，藉此減少可能出現的副作用。

🐾 家長能為毛孩做的事

那麼，在家中我們可以做什麼事情來幫助他們呢？上一段所提到的疼痛量表，是同時幫助家長和獸醫師盡快了解毛孩在家中狀況的方式。另外，適度的運動分散注意力、接受外界刺激也是減少毛孩疼痛的方法，其他還有包括按摩、局部熱敷或冰敷（可能要和主治醫師討論）也是。

最後，陪伴也是很重要的，我們常常發現家長會提到毛孩在罹患癌症之後，白天通常看不出有什麼異樣，但是到半夜時就容易喘或是焦躁，甚

至可能會發出一些呻吟不舒服的聲音。這些狀況有可能是因為，白天時有很多其他事情，因此分散了注意力，所以並不會這麼容易表現出疼痛相關的症狀，但是到了夜晚沒有其他事情可關注時，那些隱隱作痛的感覺就全部浮現出來。所以當門診病患有這種情況時，我們會跟家長討論，在晚上或是睡前加強安眠或是止痛的藥物，用於幫助病患改善睡眠品質。

家長最關心的問題 —— 腫瘤能痊癒嗎？

治癒腫瘤一直是所有腫瘤科醫師的目標，但是卻很少有腫瘤科醫師敢打包票說：「你的腫瘤被治癒了。」一般來說，醫師對於癌症痊癒這件事會給予一個時間去定義它，如：兩年的治癒率、五年的治癒率……等等。而在人的癌症治療中，所有罹患腫瘤的人五年治癒率約是 66%。但是獸醫的研究中，大部分是針對個別腫瘤的中短期研究，客觀且長期存活率的研究相對較少。**整體看來，犬貓能夠達到長期的存活的比例大約 20 ～ 40%**，而大部分能夠痊癒的情況都是及早發現，或合併外科手術治療的案例。

🐾 什麼是長期存活？

若以目前狗貓相對於人類年齡的換算，中老年動物每增加一年大約是人四到五歲來看，如果犬貓的癌症有超過一年以上的治癒率，通常就算是不錯的長期控制了。很多家長聽到這裡都會非常震驚，因為他們已經很習慣把這些毛小孩當作家「人」一樣地看待。但仔細想想，他們的生命週期就是比人類短，很遺憾地，從第一天飼養他們時，我們就應該知道，他們非常可能比我們先離去。

事實上，犬貓癌症治療痊癒的可能性又相對人醫更困難。

主要的原因跟發現腫瘤的時間相對較晚，或是治療計畫的目的很有關。因為毛孩不會說話，如果我們沒有很細心的時常檢查身體狀況，或是

安排定期健康檢查，通常很難早期發現、早期治療，自然可能延誤了治療的黃金期。

此外，獸醫的腫瘤治療首重病患的生活品質。在有生活品質的前提下，盡可能延長存活時間，減輕可能的不適；也因為這個目標，所以一些高風險的手術或是化療策略，往往不是人人都能接受的事情。

總而言之，對獸醫師而言，我們最在乎的是能不能維持病患生命的質量（生活品質）。當病患在承受病痛時，我們有責任告知家長，並幫助他們。不管病患選擇積極治療還是緩解治療（最簡單的針對症狀治療），癌症的控制上都沒有絕對的對錯。如果當持續不舒服出現而我們卻幫不上忙的時候，才是我們最痛苦的時候。

當癌症的標準治療失敗時，我們有什麼選擇？

2015 年世界小動物獸醫協會世界大會，Dr. Bennett 寫給獸醫師的文章標題就是「當癌症的病患標準治療失敗時，我們有什麼選擇？」當我們發現腫瘤，經過了檢查、診斷，經過了重重關卡的治療，但是結果並沒有那麼幸運，我的寶貝又開始不舒服了！我們應該怎辦？ 怨天尤人嗎？ 放棄一切了嗎？ 我希望大家也可以藉由下面的步驟，慢慢釐清自己的思緒。

🐾 第一步、症狀是否與他們初次接受治療的疾病相同？

有時候當寶貝在接受治療時，一出現不舒服的症狀，家長就會非常緊張，這症狀會不會是腫瘤復發了？ 治療沒效了？ 還是因為治療後的一些副作用？ 要確認這件事情獸醫師會怎麼做呢？

從家長那獲得完整的病史

先讓獸醫師知道他發生什麼事情，獸醫師才知道該從何處去確認。

進行良好的身體檢查

根據身體檢查結果去制定進一步檢驗。例如：全血和尿液分析通常是

基本檢驗，從呼吸問題到 X 光檢查，從腸胃問題到腹腔超音波……等。

可進行細針採樣以確認是否為相同的問題

各個腫瘤通常有所謂的趨向性，當然不可能百分之百一致，但腫瘤通常會有容易轉移的器官或是位置，這可能跟血管或是淋巴管流向，或是腫瘤本身的特性有關。如果在一些不預期的地方出現腫塊，進一步檢查是非常必要的，因為有可能新出現的腫塊但其實不是腫瘤（前一陣子才有一隻注射部位肉瘤的貓（Feline injection-site sarcoma, FISS），因為之前手術傷口上又出現一顆結節，因此我們重新做了採樣，還好只是虛驚一場），或是出現兩種不同腫瘤都有可能。

🐾 第二步、是否是疾病的預期病程

如果真的不幸屬於相同腫瘤的問題，此時家長和獸醫師就需要好好溝通，此時獸醫師通常會這麼做：

讓家長了解失敗的原因

在每一個病患開始治療前，討論治療計畫的時候，都會提到每一種治療的優缺點和可能的成功率。萬一治療不幸真的失敗的時候，雖然失望，但大部分的家長通常會比較較容易接受這些事情。了解治療為什麼失敗，也會讓接下來的溝通更為順利。

可能還有的治療選項及其風險

因為我們的責任是「獸醫」，這個「醫」字當中不只是單純的醫療行為，我們必須比家長們更注意治療對動物的生活品質的影響，在提出可能的治療選項時，我們也會一併說明其中的優缺點和可能的風險。要一隻非常肥胖的狗截肢？要一隻心臟病很嚴重的狗手術？或是末期腎衰竭的貓化療？這些都不是獸醫師正常情況下會建議的治療選項。腫瘤科獸醫師通常要考慮很多很多情況，最後才能提出全盤的考量和建議。

在沒有好的標準治療方案時，該怎麼辦？

在沒有更加有效的治療選項時，我們認為鐘擺治療可能是可以考慮的治療方式！採低劑量高頻率（每一至兩天給藥一次）的口服化療治療方式，對大多數腫瘤有減緩生長速度的效用，對毛孩的負擔也不那麼大！

不論什麼選擇，對症治療是很重要的

無論是開立緩解不舒服的止痛藥、促進食慾等用藥，如果我們已經嘗試了所有能做的事情，但仍無法讓患者達到良好的生活質量，那麼安樂死就應該是一個最終考慮的治療選項，甚至有時是最好的選項。

什麼時候「是時候了」？談安樂死

這是最多家長在診間會詢問的問題之一。

當意識到一個生命將走到盡頭，怎麼樣讓他善終絕對是一個很重要的課題。通常我會這樣回答家長：當您家的寶貝面臨一個無法回復的疾病，而且已經大大影響生活品質，所有可嘗試的治療都已無法改善，那他已經符合安樂的條件了。

但事情就這麼簡單嗎？其實這句話中包含了很多可以討論的事情，首先：

一、什麼是「沒有辦法回復的疾病」？

回答這個問題還算簡單，只要是有臨床實務經驗的醫師，都可以透過檢驗回答您的寶貝的現況。通常絕對不是只用看的，這點一定要重申一次，當動物表現出不舒服的時候，可能的原因太多了，我們不是神醫，所以需要透過問診、理學檢查，和一些客觀的檢驗來回答這個問題。

【問題】小黑手肘上長了一個腫塊，因為心臟疾病不適合手術截肢，那他就符合安樂的條件了嗎？

【答】不是喔。因為我們還沒有客觀的檢驗，所以不知道這個腫塊有沒有可能只是一些嚴重的感染，而感染是可以靠藥物控制的，所以他並不符合「無法回復」這件事情，腫瘤科獸醫師第一件會做的事情是針對腫塊做細胞學評估（細針檢查）。

二、如何評估生活品質？

我最常跟家長說的事情就是，如果還能吃、能喝、能玩、能正常大小便、能有互動，那就是有生活品質的事情，如果越來越多事情沒有辦法達成，就越需要考慮安樂這個選項了。

三、如果毛孩的生活品質開始降低，就代表時候到了嗎？

聽取醫師的評估，醫師會給予您最好的建議。

通常剛發現腫瘤而還沒開始治療時，動物會因為腫瘤出現很多不適的狀況，當我們針對問題治療後，通常可以達到維持生活品質的結果，這也就是之前提到的緩和安寧治療。

所以**對緩和安寧治療有效的動物，還沒有到需要安樂的程度**！在沒有和醫師確認前，家長們千萬不要輕言放棄。

【問題】手肘長腫瘤的小黑，腫瘤已經對走路造成一些跛行的現象，也細針確定是腫瘤，是不是就要讓他安樂了呢？

【答】小黑的跛行是不是已經嚴重影響他的生活品質了呢？如果還沒有，那他仍不符合安樂的條件。此外，如果還未嘗試採用一些對症治療或者是前文提到的緩解型治療，我覺得先嘗試看看可能是一個比較好的做法，而非在此時就選擇安樂喔！

當然，除了上述簡單的解釋外，我們也可以使用生活品質量表，或是把我們所關心的項目列出，用評分的方式，每隔一段時間（通常是一週一至兩次）評估寶貝的生活品質是否在降低，這可能會比單純的憑感覺評估會更具客觀的意義，也讓您更能了解您家寶貝的現況。

最後，每個毛孩都是獨立的個體，醫師可以幫您評估毛孩的生理狀況，提出建議和治療，但若真的來到生命的尾聲了，只有家長自己最清楚他們快不快樂。選擇安樂並不是結束，而是你能為他做的最後祝福。

【問題】小黑跟他的家長最後怎麼選擇呢？

【答】小黑最後搭配鐘擺治療和一些對症止痛藥，維持了近半年的生活品質喔！雖然沒有延長更久的存活時間，但是我們至少要做到維持應有的質量！

我怎麼能幫他們決定安樂呢？

尋常的某一天，一位家長很不捨的問我：「我怎麼能幫他們決定安樂呢？」「我有什麼權利決定生死？」 我問他：「你有想過，打從決定要陪伴在一起開始，你為他決定了多少事情嗎？決定要吃什麼飼料？決定要睡什麼墊子？決定要去哪裡散步？決定哪天要自己在家休息？決定哪天要一起旅行？他大大小小的事情，有哪一件不是你幫他決定的？」「你怎麼會在他最後要畫下句點的時候，害怕決定，害怕給他你最後的祝福呢？」

另外我也常跟家長們說，決定安樂死這件事情不是飼主單方面的決定，這其中還包括獸醫師的決定和病患自己客觀的狀況。也就是說，如果病患的疾病程度不夠糟，還不到獸醫師認為要安樂的情況，我們也不可能讓飼主單方面決定要安樂。

所以安樂的決定，必須要有客觀的身體評估，確認動物的狀況符合安樂的條件，加上獸醫師也認為有這個必要性，最後，家長也同意這件事情，所以這是獸醫師、病患和家長三方共同決定的結果，並不是家長一個人的責任。

「這是一個為了他好，讓他免於更多痛苦的祝福！我相信他會懂，就像他懂你從小到大為他做的每一個決定，因為你們有彼此的愛！」所以，你還覺得沒有權利決定嗎？

就跟你決定要照顧他一輩子的心一樣

我們的決定都是出自對他們的愛

安樂 ～ 雖然是我尋常的某一天， 但都是你們很重要的某一時刻

第四章

春花媽與胖咪
的抗癌之路

你我一樣,只是想要好好陪伴動物的家人

你我一樣，只是想要好好陪伴動物的家人

一個日常的寒冷早晨，我躺在開著暖氣的地板上陪胖咪。
胖咪伸出她瘦瘦的手對我說：「你要躺在我手上嗎？」
「不用。」然後我突然哭出聲。
「你真的太可憐，我生病你比我還痛，
你還這麼胖，一定痛得比我多很多。」
我笑出來了，胖咪永遠都有這樣的魔力，
讓我看見地獄之中的光。

春花媽

很開心可以與大家一起閱讀跟體驗這本書。我是春花媽，是谷柑的乾媽，也是一位動物溝通者。我很喜歡動物，只有普通愛谷柑而已；谷柑從被領養到回家的過程中我都在，當然在生病這段歷程中，也有我的出席。生病是谷柑少爺生命中一個華麗的髮夾彎，是我跟他與他的家人一起飄移的過程，只是沒想到，自己也會經歷這樣的陪病時刻。

谷柑在治療幾年後，順利挺過小吳醫生說的時間，我們都在嘖嘆這樣的奇蹟。然而伴隨著胖咪在冬天半夜不停的噴嚏、而後變成帶血的鼻涕，卻檢查出是惡性淋巴瘤。記得那天，我突然覺得心被挖走很大一塊……

谷柑在知道自己生病的時候，變得更為矯情，很多時候都想要假裝沒事，然後繼續跟媽媽相愛，彷彿生病好像是一個假消息。那時候，深受打擊的谷柑爸媽也是一邊心痛一邊接受事實，然後調整生活陪伴谷柑。

我也經歷了這樣的一週。從知道可能罹癌到化驗結果出來，只有短短

的一週。為什麼只有一週？因為可能是「極惡性」，所以加快了化驗的腳步，以把握明確的治療時間與方針。我很少想起那時候的自己，因為我要在積極作為改變現況跟調整心態中，稀釋我被挖空的心，以免無處安放的血液到處噴發。

可以跟爸媽說的話，如何才能說到彼此的心裡？

身為一個溝通者的好處是：「我們可以談。不論在哪一個時間點，動物願意溝通，我們都可以談。」

溝通向來都是雙向的，而在這場談病論心的歷程中，可以對談是我跟我女兒無可取代的交流。

確定是惡性腫瘤的那天，跟醫生好好談完，並試著記錄接下來的生活重點，然後回家處理好家務、安撫好動物們，我才正式宣告胖咪生病的消息，大家給我的回應也是不一樣的：

春花：「這麼嚴重。」（轉頭對胖咪說）「那你不要再愛生氣囉！力量要用在對的地方。」

萌萌：「她也跟我那時候一樣，要吃很久的藥嗎？」

小花：「不喜歡姊姊生病。」

我：「我也不喜歡。」然後我深深躺進床裡，無法起身，好像胖咪的腫瘤已經蔓延到我身上，而我找不到藥，也沒有醫生可以看。

身為一個家長、一個動物的夥伴，我真的還是會計較，也會憤怒。為什麼偏偏是我？為什麼偏偏是我家的動物？胖咪已經過得很辛苦、很辛苦了！小時候疑似被蛇咬、又被車撞，小小的、皮包骨的身軀躺在路邊。她在出生時就歷經超級多的苦難、治療後腳跟神經損傷也是無法恢復，這病痛永恆地跟隨著她，所以她的尾椎跟腰椎是歪的、腳也是跛的、頭常常會

歪歪的，這樣的孩子憑什麼還得遇到腫瘤，到底憑什麼！

我在心中吶喊過千百次，如果有貓咪之神，不應該這麼、這麼地殘酷。我都不敢吶喊著希望她長命百歲，憑什麼還要讓她這樣殘破的身軀，又再經歷腫瘤的考驗？讓破壞在我眼前、吞蝕我小孩的身軀！憑什麼！太不公平了！

不知道是否有生病毛孩的家長，也跟我一樣瘋、一樣經歷過這樣的心情，而且還是反覆地經歷？病情好就開心、病情壞會更憤怒，而持平的狀況則是讓人安心，但是這個安心常常都是短暫而奢侈的……

有一天，當我躺在地板上陪胖咪，她的面前是暖烘烘的葉片式暖氣，二姐跟她一貓一墊子享受著暖氣。我看著她們瘦瘦的屁股，突然開始流淚。其實當下也沒什麼特別的事情，一個日常的寒冷早晨而已……然後胖咪轉頭看著我，伸出她瘦瘦的手，對我說：「你要躺在我手上嗎？」

「不用。」然後我突然哭出聲音。

「你好辛苦唷！」

「不會啦，就是哭一下。」

「我生病你哭嗎？」胖咪抬頭問我。

我閉眼想了一下：「有吧，但也不全都是。只是我有時候還不知道……」說到這裡，我無法抑制地大哭了起來。

胖咪嘆了一口氣：「有時候還不知道怎麼跟生病的我相處齁？二姐都病這麼久，你還不是撐過來了，我有這麼難嗎？」

聽到「難」這個字，我像是被點開無力的開關、臉朝下壓著自己的哭聲。

「你真的太可憐，我生病你比我還痛，你還這麼胖，一定痛得比我多很多。」

我笑出來了，胖咪永遠都有這樣的魔力，讓我看見地獄之中的光。

「媽媽我可能還不知道要怎麼面對現在的情況，你看起來是好的，但是你的裡面跟外面完全不一樣。有很多壞細胞一個個吃掉好的細胞，未來你的不舒服會變得更明顯，會不會有一天，你會不喜歡自己的身體呢？你會生氣嗎？也不知道當你不舒服的時候，我還能做什麼？我做的事，會對你有幫助嗎？可以真的緩解你的不舒服嗎？萬一媽媽什麼都做不了的時候，你怎麼辦？會不會很孤單？又痛又孤單？」

胖咪趴著聽我哇啦哇啦地邊哭邊講了一大串。

「我被你講得這麼可憐、還有點衰，不會太誇張嗎？」

我聽到笑出來，然後笑得更大聲，雖然還在哭著。「可能是我太誇張了。」

胖咪起身往前走幾步，然後壓著我的手。

「你的手蠻好用的，還可以做事，雖然拿東西常掉到地上，但是還可以撿起來，比我的手有用。你按摩我的腳的時候，雖然有時候會痛，我會罵你，但是按完、拉完就好多了，這樣做可以讓我不可憐，所以你不用哭得這麼誇張。如果你真的沒用，我會跟你講，很大聲講到你哭出來；但是你現在還不是沒用的，如果你就這樣一直哭，我會覺得自己很衰、太可憐了。我只是生病你就這樣，如果以後我變得跟你說的一樣那麼虛弱，或是說更痛苦，那你要怎麼活下去？你也真的不要太誇張啦！」

「所以我要勇敢一點齁？」

「拜託～我講這麼多，是要勇敢很多，好嗎？萬一我明天就討厭自己的身體，你要比我更喜歡我自己、跟我說一堆好話，讓我知道我超棒～」

「胖咪最棒～」

「爛爛的身體胖咪也很棒！」

「對！爛爛身體的胖咪也很棒，是媽媽喜歡的樣子。」

「我什麼樣子，你都要最喜歡！」

「媽媽最喜歡胖咪了！」

二姐曼玉轉頭看著我說：「喜歡我。」

「我也喜歡二姐，最喜歡了！」

兩個病孩子、一臉滿意地趴回暖爐前，回神的時候，我已經沒在哭了。

很多時候，遭遇疾病的打擊，我靠的是溝通與醫生的幫助來度過的。你我都只是平凡的家長，需要幫助的時候，不能只靠自己。

好的醫生，是動物家庭最好的朋友

面對醫療，我非常慶幸自己選擇了跟谷柑一樣的醫生。

其實說來也有趣。當初我們帶谷柑看了不同的腫瘤科醫生，一進門我就覺得谷柑會選擇吳醫生，果然看診完，谷柑就說：「我喜歡小吳醫生，我要給他看病。」因此胖咪也從善如流，一開始就讓維康（同時也是碩聯的）小吳醫生跟小君醫生陪伴。

一開始了解腫瘤的進程時，小吳醫生就很明確地說明「可執行方案」跟「最後的結局」：前者有選擇，但是選項有限，而且要能擴張選項是取決於動物小孩的耐受性；後者是固定的結局，不是比誰會撐，而是看誰願意放過自己。陪病腫瘤是狹窄的單行道，「當你知道他很痛苦的時候，你不是問自己過不過得去，你應該要問小孩是不是過得下去，生活品質才是我們所追求的」，小吳醫生如此提醒著我們。

腫瘤治療的過程很漫長，而且充滿意外。不同時期、不同症狀當然有不同的藥物要服用，每天早晚要吃化療藥，還有胃藥。化療藥會讓動物的腫瘤得以控制，但也會影響身體，於是胖咪不再流鼻血，但是卻開始變瘦。

胖咪的脊椎側彎，是肉眼就看得出來的歪斜，所以當她開始變瘦的時候，歪掉的脊椎拖著她的後腳，看著看著會令人有點想哭。但是我沒哭，只是陪她在家裡走走，然後問她需不需要再多按摩，因為她說勇敢要多一點才夠。

我也確實遇到胖咪心情上的瓶頸，不過好險胖咪很喜歡小吳醫生跟小君醫生。這種時期去看醫生，她會讓小吳醫生做點讓她開心的事，或是要小君醫生摸摸並讚美她，或是自己在診間跟走廊逛大街，或是讓他們在治療的時候，放胖咪想聽的歌。在外面也可以做大王，胖咪一洩千里的自尊到處安放，稀釋了她對自己身體的不喜歡，忘記自己正在虛弱，而我也跟著被療癒了。

那天我開車從醫院回來，胖咪問我：「今天也是拿一樣的藥嗎？」

「不太一樣捏，因為你有變好一點，所以我們有換一種藥。」

「變好也要吃這麼多？」

「對啊，因為腫瘤治療是一種控制，你生父小吳醫生覺得你有進步，所以是一種輔助的藥，可以讓你更舒服！」

「他都有在幫我想捏～」

「對啊，因為胖咪最可愛了！小吳醫生跟小君醫生都最喜歡你了！」

「但是今天沒有看到小君醫生捏～」

「對啊，小君醫生今天沒有上班，她要照顧自己的家人，跟媽媽一樣要照顧你一樣啊！」

「她也要照顧自己的家人，還要跟小吳醫生一起照顧我們這樣的動物，那不就常常要很難過？因為我們都痛苦很久，甚至還會死掉！」聽到這裡，我的煞車差點忘記踩，心裡覺得有點酸。

綠燈亮起時，我說：「對啊，腫瘤科醫生真的很辛苦，治好一個部分，還要面對其他的部分。好也不見得是真的好，很多時候不是在想怎麼變好，而是在思考如何不讓你們難受。」

「還有小君醫生也很照顧你的心情，我知道她都有在看你，她在回答你事情的時候，都有認真感受你是不是要壞掉了！」

「對啊，所以媽媽也好喜歡小君醫生。如果大家都可以好一點，他們可能就比較不辛苦吧，所以媽媽都盡量理性一點。」

「你哭應該也沒關係吧？他們這麼厲害，他們會安慰你。」

「那你會安慰我嗎？」

「我不罵你，你就要乖乖偷笑了。」我笑出聲。

胖咪接著說：「你對小吳醫生跟小君醫生要更好，不要像去老林那邊一樣，大呼小叫的是要嚇誰啊？谷柑哥哥跟我都是他們幫忙的，哥哥說我們要乖。」

「是啊，我們要乖乖接受醫療的幫助。不過，也有可能醫療會幫不上忙，如果等到生父小吳醫生跟小君醫生都沒辦法幫助我們的時候，你覺得我要怎麼辦才好？」

「你要問我安樂死唷？」

即便已經做好準備，心裡的溫度還是瞬間急凍。

「恩。」

「我今天沒有想要跟你講這個，因為現在我覺得自己很好，可以變得很大力，還不用死。等下回家我想吃我的乾乾飯，還有肉泥，你可以陪我吃，還要分小花一點。今天我要先睡覺，所以你也要先陪我睡覺。」

「好啊，但是睡前耍吃藥唷！」

「好～」胖咪又想了一下：「那我要多吃一條肉泥。」

「噗，好～」

陪病歷程中，健康的身體是生活的低標

後來我還是決定幫胖咪準備一個專用的藥盒，跟二姐一樣。對我來說，這其實要下決心的，因為陪病的歷程意味著需要很多穩定的元素：規律的生活、穩定的醫療行程、日日餵藥和健康的飲食，而我也如法炮製在我的生活中。一盒一種藥、一天分成具體的行程，運動、飲食跟工作三方並重，因為我不能倒、倒了就全家倒，健康的身體是我生活的低標。

我一早起床餵完藥打水、吃完飯、整理家裡、爬樓梯；中午休息吃飯喝咖啡，然後接著工作；晚上休息吃飯、餵貓吃藥、工作，然後晚上再去

游泳。我正在變得更健康，然而胖咪卻變得更虛弱，我抱著她越顯輕鬆，我跟她的差距正在變大，我問她：

「有沒有覺得媽媽越來越健康、越帥氣？」

胖咪看都不看我一眼回說：「你可以變漂亮一點，會比較好。」

「但是我現在幫你按摩都可以按更久，沒有覺得很被支持嗎？」

「你有時候都一直拉我，有點煩！但是你手的力量可以穩定很久，有時候痠痠會被『打開』，我覺得蠻好的。還有我不想走路，但你抱著我在家裡走來走去，那個時候我也喜歡。有時候會覺得你不累嗎？但是你真的感覺不會累，這樣蠻好的！我會想起自己也可以好好走的時候！跟現在真的不一樣。」

我抱著胖咪，順順她的毛：「你會不喜歡現在的自己嗎？」

「現在真的有不喜歡，我不喜歡起來會暈，或是吃東西卻想吐。我也不喜歡一直吞藥，今天是我的不喜歡日，什麼都不喜歡日。」

偶爾胖咪會變得很難餵藥、吃東西連聞都不聞，然後光踩著肉泥卻都不吃，也會卡在一個地方、背緊緊靠著牆，那就是她的「我討厭自己的日子」。這種時候，她最好的姐妹荳荳跟小咩都會來陪伴她，小花當然也在，但是胖咪會固執而且彆扭地在角落生氣。

我會去買家裡沒有的食物，讓胖咪驚喜，或是用很長的按摩提醒她，她的身體還是充滿感受的；或是給她看、給她聽想聽的音樂或是電視節目，也會對她講很多好聽話，然後對她的全身說：「謝謝你的腳趾、我愛你，謝謝你的肝、我喜歡你，謝謝你的眼睛，長在我女鵝身上好漂亮……」，把全身講了一遍又一遍，直到胖咪想起「我也能喜歡我自己」。

所以不管你現在是怎樣的你，我永遠都喜歡你現在的樣子，因為那就是我們相愛的樣子。

練習想想自己小孩不好的樣子

直白地說，我希望家長們「可以練習想想自己小孩不好的樣子」。

雖然我嚴重懷疑大家都有過度迷戀小孩的傾向（或是說問題），但是我想邀請大家一起「練習想想孩子不好的樣子」。

不好的樣子，分成兩種不好：

一種是會令你生氣的。我們可能無法忍受某些毫無道理的吠叫，或是突如其來的抓咬，此時你感受到身體或是心理的不舒服，是因為這樣的刺激來自動物。這是一種不好。

另一種是「生病」。關於前一種，因為屬於個案，暫時無法提供具體通盤的意見供大家參考，但是確認身體狀況無虞真的是第一要件。我在這封寫給人類的信，要談的是另一種會讓我們感覺不好，也會讓動物感覺不好的事情：「生病」。

我自己執業多年，明顯感受到和諧的醫病關係升級，我深深為高壓的動物醫生們感到開心，也為同為動物陪伴者的大家感到驕傲。我們真的一點一滴成為動物身邊的人，不管是不是透過溝通，你們與我都一樣，深深理解並相信動物有自己的想法和自己的選擇。每一個會讓我們歡笑的事情，動物們也一樣會感到開心，當然每一個會讓我們疼痛的事，動物們也會因之哭泣。

在很多溝通過程來到末端，是的，就是動物生命的盡頭，或是一些重大單行道疾病發現時（例如癌症），很多動物陪伴者、跟我一樣的家長們，在那之前卻從來沒想過要怎麼辦！我深深了解這不是因為沒去思考，我想多數的家長也跟我一樣，大概問了醫生八百萬個為什麼，然後在跟我預約溝通前，也已經做了所有自己能做的事情，但是～

我們可能都缺乏想像動物不好的樣子：

他可能需要吃藥；

他可能需要打針；

他可能需要住院；

他可能需要插管、鼻胃管或是胃食道管；

他可能需要手術，拿走一點內臟或是一排乳房；

他可能需要有選擇權，選擇離開你、選擇安樂……

光是看著這些文字，就可能有一百種讓你哭泣的字眼。

我跟你一樣很怕痛、也很會流淚，但是非常誠心、誠摯地邀請你，請在孩子健康、而你也健康的時候，練習想像一下孩子不舒服的樣子。

這麼做並不會召喚不舒服的能量來到生命之中，但是我們可以踏實地練習，直到自己的心臟肌肉健康一點，讓我們在帶著動物在去醫院、對他們說「不怕」的時候，內心確實沒有一絲害怕。

因為再ㄎㄤ的小孩，都會輕易發現你內心的恐懼或是疑慮，更遑論有些孩子會敏銳觀察你跟醫生的對話。他也許無法理解，但是你突如其來漏拍的心跳，或是冷不妨落下的淚水，或是抱著他時的抽氣聲，在他們的生命之中跟你的笑聲一樣重要，所以你會痛的，也都會重擊他的小心肝。

🐾 放手不是放棄，放下也不會分離

我的孩子壞壞的，基於各種原因壞壞的，那麼我們也可以壞壞的！

當家長不一定要是最勇敢的，但是我們可以練習變得勇敢，練習理解「放手不是放棄，放下也不會分離」。

那天是胖咪的回診日，頭一次不能回家，我怯懦地在診間哭了，不是

沒有準備，但心裡還是很痛。胖咪跟二姐曼玉是完全不一樣的風景，二姐是一分一秒慢慢讓渡生命，讓我有所準備；而胖咪隨著腫瘤治療的過程，我們需要一起下決定，哪一個好就讓哪一個壞來蠶食鯨吞好的部分，不好不會變好，現在好的，也可能突然變得不好，雪崩式的訊息，很多時候多到難以吞嚥。胖咪美麗的方式跟二姐的優雅真是兩個極端。

我一邊擦眼淚的時候，無力的胖咪一直在我身邊來回，跟我說：「你也太誇張了。」我一直跟她說我會天天來看她，也會讓乾媽來看她，她說：「知道啦！」一直到最後，我跟她說再見的時候，她才因為自己要一個貓留在醫院，顯得有點不開心。

胖咪寶貝已經很久、很久、很久都沒有一個貓過了捏！

所以她覺得怪怪的又討厭。我持續跟她說話，她一邊不耐煩、一邊跟我說：「到家了跟我講啊！」

「好，那我先不說掰掰，先跟你說晚安。」

「說掰掰也沒關係啊！」

「好，胖咪，晚安，掰掰，媽媽也喜歡你現在的樣子，手有管子超酷的！」

「這個醜死了啦！」

「哈哈哈哈哈哈哈哈！」

🐾 掰掰的一百萬種練習

恩，關於最後，我們一起複習一下：

你可以選擇掰掰的一百萬種練習。

你也可以在陪病的時候，不斷告白說：「我喜歡你現在的樣子。」

並且在日常生活中，「練習想想小孩生病不好的樣子」。

我的表現可能也沒有讓胖咪很滿意，但是好險她對我向來期待不高，我也就沒有偶包了。但是家長們如果願意練習一下，未來在某個需要使用的瞬間，孩子也會成為你的力量，因為這可能是你們相遇的原因。

也因為他們真的會替你痛，所以讓我們試著都勇敢一點點。

一次想一點點，從吃藥開始；然後年度健康檢查不能少，聽不懂醫生的話，就問到懂為止。這個與我們相連的生命，一直都放在我們的心口，聽著我們的心跳，與我們一同悲喜。因為我們的心都是肉做，一起壞、一起好，一起愛。

單行道的終點，我陪你過去，然後我自己回來

自胖咪生病以來，我不太好，大概也不會好；但那不是受傷，只是痕跡。

媽媽：「我可以很不甘心嗎？」

胖咪：「可以啊，反正你本來就是小氣巴拉的女生！」

媽媽：「那你可以說媽媽好漂亮嗎？」

胖咪：「你不要老是說得這麼誇張好不好。」

媽媽：「不好！很多事情都不好。」

胖咪住院了！

胖咪可以回家了……

跟生父小吳醫生通了電話，胖咪可以回家了。

不是捐血治療後好轉的回家，只是「可以回家陪我」的回家，真的是只能陪我了。

住院的後期，胖咪的食慾從吃太多到不吃，然後一吃就很喘、到不吃

也喘，然後開始面壁（可能是在檢討罵我太多了！），小吳醫生跟我說明胖咪的狀況，並且先抽了她過多的胸水後，才讓她回家；這次……我只拿到四天的藥。

回到家的胖咪立刻去喝水，接著狂抓貓抓板，然後開始在家裡巡場。胖咪跟我說：「都一樣啊！」

我：「但是你不太一樣！」

胖咪冷哼一聲：「你還是一樣笨捏，你可以說我一樣漂亮啊，大家都會這樣說。你真的還是一樣笨捏！」

我急忙想要過去把她抱起來親：「你最漂亮、最漂亮！」

胖咪：「來不及了啦，笨蛋！」

我們一樣地吃藥、打水、吃飯，一切如常地執行，無力的後腳一樣無力，會澎毛的尾巴一樣炸得跟恐龍一樣，只是她無法好好休息，肚皮的起伏揭示著她的難受，我看著，一樣無法好好呼吸。

「媽媽答應過你會問你，一直到最後都會問你。」一邊說著，我一邊拿出三條肉泥，想讓她邊選邊吃。

胖咪：「你先跟我講話就好，我不想吃！」

我：「我好想叫你先吃東西唷！」

胖咪：「你耳朵壞掉唷，又不是要講那個！」

我躺在地上，看著她密集起伏的肚皮跟無法好好趴下的身體：「所以，胖咪想要安樂死嗎？」

胖咪一開始沒有回應，春花起身走到胖咪面前，我們一起安靜地等待時間過去，一邊聽著她鼻子呼吸的聲音。

春花：「準備好了，就可以說，媽媽我會處理。」

一聽到要被「處理」，我就開始哭，沒有聲音的流淚，很難停止的那種淚水。

胖咪：「真的太不舒服，實在太不爽了！我討厭我身體是這樣！你也不會喜歡吧！」

我：「我喜歡你的樣子，我喜歡你現在的樣子，所有的樣子。」

胖咪微翻白眼的說：「但是我不喜歡啊，你眼睛不好唷！」

我：「可是我真的喜歡你所有的樣子。」

胖咪笑了，笑出點聲音，但是聽起來好喘。

胖咪：「你這句話是很好聽，但是我的身體不好聽，不舒服好久了啦！回家很開心，但是開心完了就開始暈暈，好累，回家為什麼不會好呢？但是回家真的好開心。」說完她就趴了下去。

春花過去舔了胖咪兩下，轉頭對我說：「讓她先休息一下吧。」

我把肉泥給哥吃，他也跟弟弟們一起分享。

後來胖咪突然急性休克，我跟春花一起讓她順利回神。緩過神的胖咪醒來對我說：「該說的，我還是要自己跟你說，但是要說出來也太難了，我剛想要練習說，就暈過去了。」之後我就不再哭了。

我讓胖咪呼吸順暢一點，然後一邊幫她按摩、一邊問她想要做什麼。接著我們一一打電話跟大家說，胖咪想要順順的、不要太用力，然後道再見。謝謝那天深夜接起電話的各位。

後來我們安靜地躺在床上，我試圖親胖咪的臉頰，但依舊被拒絕了！但是她要我一直看著她的臉，然後抬高一點，好讓她視力清晰的那隻眼睛，能清楚地看著我說話。

胖咪：「我可以去死了啦！」

我：「哇靠！你沒有比較溫和的說法嗎？」

胖咪：「不然你這麼怕痛又沒用，只有身體比我好，你先去死嗎？」

我：「那你要幫我照顧大家嗎？」

胖咪：「所以我說我先去死，你之後再去死啊！」

我：「不後悔嗎？只是喘喘，可以再撐一下吧？」

胖咪：「我撐很多下了，而且再撐下去，我不會更好，你也不會好，大家都不會因此好一點，連一點點都不會。」

我：「但是我會很痛捏！」

胖咪：「我朋友都留給你了，你痛沒關係啦！」

我：「這麼推卸責任？」

胖咪：「我是很負責任才要自己去安樂死，我當初不能選擇我自己的身體，太多的不好都發生過了，你沒有倒下，我也沒有，但是剛剛我倒下了。我知道我真的累了，我跟我的身體可以休息了，你也應該休息一下了。」

我急著想再說一點。

胖咪：「不要再頂嘴了，我已經講了！我分你的勇氣只有一點點，你還不要多拿一點好好跟我說再見，最後的時間是給你的！你的勇敢要出來一點啦！」

我沒有哭，一直到胖咪在我身體變得過分柔軟、然後逐漸僵硬，我都沒有哭，一點點的勇氣怎麼這麼夠用？胖咪真的太神奇了。

我停滯了幾天，只要不需面對他人的時候，我都不太能好好的思考跟移動，最明顯的感受就是從心底下會有很深的酸楚，只要開始感受到那份酸楚，就會變成濃烈的心痛。我反覆聽著安溥的《寶貝》，唱成「我的寶

貝、寶貝、胖咪寶貝」，但沒有再聽到她用不屑的聲音回我說：「閉嘴啦！」

我的孩子，胖咪，她的身體離開我了。

「胖咪，謝謝你來當媽媽的女鵝。

謝謝你願意在經歷過很多選擇後，依舊選擇不勇敢又膽小，整天又愛跟你吵架的我，來當你媽媽。

謝謝你跟我說，你因為當不了救人的貓，所以要當勇敢的貓給大家看，讓大家都不用怕看醫生，然後很會罵我。

謝謝你在治療腫瘤的過程中，每一次都聽我囉唆又猶豫地講出我的顧慮，然後義無反顧地選擇治療。都是我先怯懦，而你堅持你會更好。

謝謝你、謝謝你無論如何都沒有拋棄我，讓我一直深深覺得被愛。

謝謝你分我勇氣，謝謝你分我朋友，謝謝你。

謝謝你讓我知道胖咪的愛，是最愛我的愛。」

我很想你，這幾天過得很爛，什麼都不想做。少了你的監督，我是皮條了一點，也不是沒有少被你打頭，但是少了你，很多事情都不對味啊！

我不知道之前我是怎麼撐過來的，我已經很習慣早起確認你跟二姐，然後吃飯完就是餵藥、打掃家裡，再吃我的早餐，現在早上只要餵自己吃藥，很奇怪捏！

你不在身邊，很奇怪捏！

這時候你一定會說：「你才奇怪啦！」

胖咪，媽媽愛你，媽媽很想你，很想再用最奇怪的姿勢抱你啊～

胖咪啊～我不太好，大概也不會好；但那不是受傷，只是相愛的痕跡。

今年冬天，你沒有睡在我腋下，我應該會更難睡了～

謝謝您，**吳鈞鴻** —— 犬貓腫瘤科醫生，也是豆漿醬油小馬爸。謝謝您跟君君醫生，一直在每一個環節給我跟胖咪最多的支持跟幫助，謝謝您們讓我在面對腫瘤的絕望岔路時，一直都覺得自己是有選擇權的。我們可以有勇氣、有尊嚴地陪伴虛弱的小孩，擁有優良品質的生活，而不只是痛苦的活著而已。

謝謝胖咪的生父小吳醫生也很愛、很愛、很愛胖咪，但是同時也讓家長理解，安樂死到最後也只是治療的一個選項而已。讓生命有品質地延續到最後，是所有家長的盼望，也是需要理解的醫療行為。

真的很謝謝您跟小君醫生，讓我每次離開醫院，都被你們溫暖的笑容給感染，覺得自己的小孩超漂亮又健康，然後期待下次的回診。這次我們就不回去了，下次一起在穿便服時相見吧～

謝謝您們，**樂田動物醫院**。周醫生跟老王，謝謝您們協助我發現胖咪的腫瘤，然後在我帶胖咪路過的時候，不斷地跟我說：「胖咪現在可以這樣，真的都是奇蹟了！」仔細回想，胖咪真的撐過當初評估的時間，然後也沒有變形得很嚴重，有您們的守護跟她自己的偶包，大小姐真的囂張到最後，真的很謝謝您們！

謝謝老王當初一路照顧胖咪到去年，她才轉到腫瘤科。我家少了一個去診間可以乖乖看醫生的貓，未來，也請多忍耐齁～大概還要忍受五十年吧～

也謝謝胖咪乾媽跟谷柑爸媽，還有跟我親上加親的海豹女婿一家，還有朋友艾琳、天爸媽跟畫家。謝謝胖咪把你們留給我（不是我先認識你們的嗎？），那幾天你們的放飯直播，還一直在前線支援我，我真的會吃胖一輩子。

這次，我無法謝謝自己。

但是謝謝這段日子，陪伴我跟胖咪的你們。如果你有因為胖咪而勇敢

一點，或是在陪病的日子裡，稍微覺得不孤單一點，胖咪會更開心，等我晚點回神也會跟著笑。

謝謝你們，晚安。

我回來了

一直到書寫的現在，我仍需花時間才能正視心中的裂縫，那裡面有二姐的身體、也有胖咪的身體。有時候她們的身體遮住裂縫，我會變得深深的憂鬱；有時光會穿透裂縫，我會聽到她們愛我的聲音。

我會想起她們生病的片段、也會想起她們健康的樣子，因為我們的生活本來就是充滿選項。如果我們停留在最後遺憾或是無力的日子裡，她們也會跟著我們一起難過。雖然現在還可以哭，但是請在未來也想起，當我們喊他們的名字時、甜蜜笑著的樣子，因為那就是他們記住我們的樣子。

第五章

春花媽的居家照護分享

給予毛孩全方位的支持與陪伴

給予毛孩 全方位的支持與陪伴

請不要讓疾病成為你的責任，

家裡的動物孩子生了病，

是因為我們是比別人更為堅強的家長、

我們可以承受得更多，

所以孩子選擇與我們勇敢相愛。

本篇是春花媽日常照護貓孩的分享以及面對安樂的看法，

希望可以與大家一起相互扶持，

面對生命的小小曲折，

當然你的作法一定都會比我好，

因為這是動物選擇與你相遇的原因。

春花媽

居家照護與外出就診

飲食篇

　　面對不管是因為病情或是醫療的副作用，都可能會發生食慾不振的情況，毛孩體重下滑，也會沒有體力抵禦疾病，所以，好好吃飯真的是陪病的硬功課，以下是我個人的經驗，提供給大家參考。

🐾 食慾不振

　　我們家主要是以濕食為主，所以在確定腫瘤的狀況後，我也把乾糧加回日常的飲食之中，因為乾糧可以有效提供熱量，針對食慾比較好的胖咪

是採這種方法。但是面對同時有腎病的二姐曼玉，我是在跟醫生討論後，決定採取食道胃管的方式，所以是讓二姐吃飯後，早晚也灌食，讓她維持較好的基礎體重。

另外在食物的變化上，我會從「口感」跟「味道」兩方面來加強：

關於口感

如果選用罐頭，我會刻意選擇不同的口感，偏膠質湯水的、或是果凍感鮮明的、或是肉泥、或是肉泥湯水，或者是還帶有食物原型的肉。

遇到孩子比較喜歡的口味，我會在下一餐選擇他們比較不喜歡吃的，好拉長對食物的喜好期。我同時也會積極開發三種以上他們喜歡的罐頭，畢竟貓的心海底針，要撈起來真的得花很長的時間，但是疾病卻不等人。

關於味道

而在「味道」方面：會透過觀察貓咪嗅聞到進食的狀況、看他的接受度跟喜好度，同時也會試著同時加水，如果加水之後還是喜歡，那這個罐頭的味道就是極品。

食道胃管餵食的注意事項

❶ 食道胃管不是每一個個案都適合，請跟醫生討論，但是真的會讓家長減少很大的心理壓力，也可避免每日的挫折感，進而影響親子關係。

❷ 裝食道胃管需要日日清創，所以貓咪的穩定性也要足夠才適合。

❸ 吃藥跟食物請間隔 30 分鐘。因為容易嘔吐的小孩，可能會因為吞藥而連同食物一起叶出來，到時候真的會很打擊家長的內心。

❹ 胃食道管的餵食必須嚴格注意「食物一定要很泥、很稀」，不然萬一管道塞住而無法清理時，必須要重做一次手術的～

❺ 餵食要慢慢地推管，不能瞬間太大力或是量太多，動物一樣會吐的唷。

然後大忌真的是──「不要在貓咪喜歡的食物裡添加藥！」因為讓喜歡的食物變得不喜歡，不僅會讓貓咪生氣，而且會對食物產生不信任感，所以請千萬不要這樣做唷～

🐾 牙口不好

說出來大家可能會有點驚訝，但是多刷牙的確可以降低牙齦的不舒服，所以養成刷牙的習慣很重要。只要牙齦不會不舒服，吃飯就比較不會因為沾附的食物而造成發炎。

如果孩子屬於真的很難配合刷牙的，也可以試著在牙齦塗上專用牙膏後，從外部輕推他們的嘴唇、並沿著嘴巴的形狀來按摩。這麼做也能稍微清潔一下嘴巴，都會有所幫助。

以貓咪而言，進食主要是用門牙咬著食物後吞嚥，所以不會花很多時間咀嚼食物，所以如果在相關醫療中聽到醫生建議拔牙齒，家長們也可以不用太過擔心。當然一切還是要聽從醫生的指示，並且多注意牙齦的護理，多刷牙真的好處多多。

居家動線篇

🐾 增設階梯或緩坡道

那時候考慮二姐的年紀已經十多歲，胖咪雖然還沒十歲，但是從小的脊椎側彎跟跛腳，我在家裡很早就針對她們添購了很多七到十二公分不等的「瑜伽磚」，讓她們先習慣用「漸進式」或是「階梯」的概念來上下空間，避免她們因高度落差的問題而摔倒。

在她們生活的垂直動線上，需要增加不同高度的瑜伽磚。我都是以廿五公分為一個單位，用不同的厚紙箱或是櫃子，讓她們可以試著拉長、伸長身體，藉著拉筋延伸自己身體的彈性還是必要的，以瑜伽磚搭設出不同的高低，可以訓練到不同部位的肌肉。

如何讓毛孩願意使用階梯

想要讓孩子適應階梯概念，我建議最好從他們最常睡覺休息的地方來著手，如此才會因為想過去而提高使用的意願。

此外，利用特殊的零食（平常不會餵食，但是他們喜歡的），來延長他們願意待在階梯上的時間。但沒有完成訓練也沒關係，因為「慢慢來、比較快」。

有些人也推薦緩坡的設計，這就要看家中毛孩的個性。在我家，小朋友特別喜歡在緩坡上睡覺休息，但是不會利用坡道來上下，所以關於上下動線的調整方式，我覺得家長們可以自己多發揮創意來跟小孩磨合。

而階梯的搭設必須要考慮：

寬度評估

評估貓咪的身體長度，在階梯上至少要能轉身。

高度評估

以貓咪用手往上勾時能搆得到，很容易就能站立的姿勢，這樣會提高安全感。

🐾 關於貓砂盆

我也建議家長在貓廁所入口前加墊一些高度，大約五公分即可。雖然只差了五公分，但進廁所就不用抬腳，避免孩子因為不舒服而直接上在外面。

貓砂盆除了一般常見的款式，也可以選擇狗狗用的塑膠盤尿墊，這樣可以兼當落砂墊。

除了前文提到的瑜伽磚，我也建議拿使用一段時間的貓抓板來當貓砂盆入口的墊子。除了墊高的作用，貓咪也很喜歡在上完廁所後抓抓，這時也可以評估一下他們的肌肉使用狀況。

不要隨意更換貓砂盆

除非病程到了很後期，或是貓咪的判斷出了問題，否則隨意更換貓砂盆，很可能會使貓咪尿錯地方。當然如果是身體狀況不佳，將貓砂盆移到貓咪的主要活動空間方便上廁所是必要的，但同時也需注意，貓砂盆跟食物的距離要在空間的對角最遠處，因為沒有人喜歡自己的飯聞起來臭臭的。

雖然我家的二姐曼玉跟胖咪到最後都還算可以自理，但是我家的貓砂盆其實是從外面看不見的箱型貓砂盆。如果家長們會擔心，或者希望貓咪上廁所可以更輕鬆，建議換成半開放式盆型的，大家都看得見彼此會更安心。

睡窩的調整

如果睡窩必須移動位置，可以安排在相對於飯桌跟廁所的另一個角落，但是我比較建議貓咪想睡哪裡就睡哪裡，如果覺得會危險，加強防護就好了！二姐曼玉其實很黏我，她很喜歡睡在我的工作桌上，所以我便在桌上鋪一張薄毯子讓她躺，桌前也放了張椅子方便她上下。愛他，但是不需要過度擔心他。

設置防撞墊

我家的胖咪跟二姐曼玉後來都有癲癇的症狀，所以我在她們日常活動空間的低處牆面，用巧拼包上尿布墊當作緩衝墊，避免她們癲癇發生時頭撞到。

地面上我並沒有加裝太多緩衝墊，因為怕高低差、或是材質的差異，反而讓她們容易跌倒。我也曾試著將整個房間都鋪滿，但是她們都不喜歡，所以後來就改成貼在牆壁、約兩個巧拼高，因為那時她們也不太會激烈跳動了。家長們都可以根據自己家的狀況來加以調整，或者直接買嬰兒

用的防撞墊也可以。防撞墊一定要注意清潔，也要小心被噴尿的問題。

溫度調節篇

關於罹癌毛孩是否要注意保暖，還是要依據個案的狀況，但是「通風」絕對很重要。除了要選擇孩子喜歡的布料，因為台灣真的很潮濕，很容易引發皮膚的急性濕疹或是發黴，因此定期清洗也倍加重要唷。

但是～因為有些小孩很執著於自己的味道，所以記得在清洗前，先找一塊材質相同的布料讓孩子試用幾天，確定可以接受再把髒的布料拿去清洗，不然有些孩子會很生氣唷。已經生病了還要生氣，真的太費力氣了啦～

外出就診篇

動物抗拒外出是很正常的，更何況是要去看醫生！所以爸媽不要在這件事情對自己人嚴格，我們有一些方法可以嘗試看看，一起來努力吧～

🐾 平日的準備
事前的溝通

身為一個溝通者，除非是緊急狀況，否則我不會突然帶小孩出門，而且我會花上七天的時間先跟他們溝通。溝通的內容包括：

● 為什麼要出門？

● 使用怎樣的交通工具？

● 車程多久？

● 到醫院要做什麼？

● 會遇見哪一個醫生？

● 看診過程可能要多久？

- 多久才能回家？

- 回家後身體狀況可能會有怎樣的差異？

- 日常生活會多吃藥或是不會？

- 飲食會不會有調整？

以上這些問題我都會在外出就診前，反覆地跟他們說明，讓他們有種看醫生是一種日常的感受。

更重要的是，家長自己的心情也要調整成「比放鬆還要放鬆」的有日常感。如果可以把去看醫生的心情，練到跟去小七買東西一樣稀鬆平常，孩子也不會因為你緊張的心情而變得慌張。

在家營造安全的籠內空間

簡單來說，就是把外出籠打造成一個孩子能安心躲藏的地方。我建議家長購買「硬殼」並且可以「對半」打開的外出籠，讓孩子降低戒心，願意在打開的籠子裡待著，訓練期間當然會需要一點零食或是貓草的誘惑。

如果是平常就很難摸到的貓，則建議將食物放在籠子內，讓貓咪習慣這個空間也是一種好方法，但是不要急著靠近或是確認他的狀況，讓他自己主動接近籠子、習慣自在就好。

日常使用放鬆的嗅聞產品

坊間有一些主打可以讓貓咪放鬆情緒的費洛蒙產品，包括插電式或噴劑、項圈等等，確實～這些不一定都對自家孩子有效，所以家長需要在平日觀察這類產品是否可以幫助你。如果覺得有效的話，這些品牌都有推出「噴劑」，可以幫助你讓家裡的安全感延伸到外出，在外出籠裡噴灑會有所幫助，所以建議不妨嘗試看看，少一分緊張、你我都安心。

🐾 出門前的準備

出門前，使用醫院的鎮定處方

不可避免，有些家長還是蠻抗拒讓小孩服用藥物的，我自己也是被醫生教導了多年，才開始嘗試使用。以我自己的經驗，出門就診前開始讓孩子使用鎮定藥物後，他們上醫院的精神狀態前後差別超大的。一來不會緊張、二來抽血時也不緊繃，回家後也不用花很多時間就能恢復，所以，請相信現在的醫學選項真的比較多，不需要用真肉換絕情（被咬、被抓），使用 GABA、貓咪費洛蒙吧～

如果你真的還是很介意，不妨直接向醫生諮詢，因為這些是在醫院才能買到的藥物。除此之外，目前市面上也有很多含有 GABA 的營養品，家長們也可以購買給小孩試試看，感受小孩是否有更放鬆，當然保養品跟藥物的濃度不同，試用所參考的是「接收度」，而不是成效唷～

看醫生如何不緊張？

首先就是接受動物會緊張，而你也會緊張的事實！就算不是生病，只是例行的健康檢查，大家去醫院也是會擔心很多的啊～

會擔心就是會擔心，我們的愛有點弱弱的，也很美～

所以家長們可以緊張沒關係，但是隨後就必須調整自己的狀態，讓你在看診過程中、在不打擾醫生的狀況下可以順暢對話，一方面也能降低孩子的焦慮，因為對話有助於降低動物的緊張感，因為他們會感受到，家長是處於熟悉的情境下。

如果真的跨不過去～這時候試著取笑一下自己也蠻好的，因為看病總是緊張的。我了解，因此讓我們一起練習勇敢吧～

而家長們也難免會遇上等候很久，才輪到自己看診的情況。我自己會根據動物的狀況，或許跟他們說說話、或許是給點零食，來度過這段時間。因為我看診時　定會開車，如果等候的時間真的太久，我會選擇回到車上，讓孩子不用長時間關在籠子裡，或是跟醫院商借空的診療間（如果有的話），讓孩子出來透透氣，以避免已經很緊張的動物更緊張。大家互相幫忙與體諒，可以讓醫病空間更為友善。

讓就醫前的過程更舒服

外出籠外面可以罩上一層透氣的布，以避免外界過多的刺激，籠內也可以放些孩子喜歡的玩具或毯子。因為涉及到移動，我建議不要在籠內放食物，因為孩子可能會暈車或因為緊張而嘔吐。到了定點（醫院），可以給點肉泥來安撫彼此，但前提是不需要空腹檢查唷。

到了醫院，如果發現孩子很緊張時：

● 要避免離特定動物太近，像是會發出聲音或是太躁動的孩子們。

● 不要離門口太近，降低不同味道不斷地湧入。

● 不要隨意打開外出籠，避免無謂的刺激。

● 如果是放出來走走會比較輕鬆的小孩，可以跟醫院協商在特定空間放行，讓他比較輕鬆，大家也都好面對醫療過程。

● 最重要的一點是～家長「自己」不要太緊張了！

居家醫療篇

🐾 關於餵藥

如果可以不要餵藥，我想家長們大部分都會選擇不要，因為天使款的孩子真的很稀缺。但就是因為如此，所以我們更應該把餵藥，當成一種陪伴動物小孩的必備技能唷～

如果來不及從小訓練培養，那我們就花一點時間從現在開始「減敏」。

關於餵動物吃藥，狗狗相對容易，大部分都可以把藥加入食物中來餵食，但是我想特別提醒的是，「挑食成性」跟「飲食過於單一」的小孩，可千萬不能這麼做唷！因為在孩子喜歡或是能獲取安全感的食物裡，加入「陌生」或是「很可能被討厭」的東西，孩子因此連食物都不吃的機率會很高，食物真的不能拿來開玩笑唷～

所以我家的狀況，其實還是較常使用「餵藥器」。

餵藥器的選用

餵藥器有分硬頭跟軟頭的，硬頭的使用必須特別注意，千萬不要因為緊張或心急而戳傷了孩子。軟頭的則要注意別被吞嚥下去，所以使用前必須多練習幾次或是加強防護。

再來就是要避免孩子一看到「餵藥器」就害怕，所以平常可以多讓他們看到你拿著餵藥器的樣子，然後試著對動物使用空的餵藥器（不放藥丸），然後隨即給予零食獎勵，也會有所幫助唷～

即使孩子是天使貓，也不建議徒手餵藥

我知道有些家長可以用「手」來餵藥，有這樣的天使貓真的很棒棒，雖然春花跟二姐其實都可以徒手餵，但是我個人還是不傾向這麼做，原因如下：

一、徒手餵可能會讓彼此都受傷。如果動物今天心情不好而突然咬你，也不能算是他們的錯，因為我們確實是做了讓他感到不舒服的事。

二、建議盡量「讓手當好人」。不要把照顧孩子的手，變成讓他們有壓力的手，因為生病的日子還很漫長，保持良好關係要直到最後一刻，這

如果你連貓都摸不到

我相信一定有餵藥極度困難的家庭，甚至是連自己的貓都摸不到。

我建議這樣的家長要放寬心，並且盡可能提供孩子品質更好的伙食，不要在醫療上為難自己。餘生很長，動物也有自己的選擇，不如讓吵架的機會少一點，你可以試著支持，而不是花太多時間為難自己，讓自己的期待變成關係的傷害。

樣我們才可以稱呼自己為真愛。

餵藥的時間點

最後想要提點，如果投餵藥失敗，然後貓咪口吐泡泡或是反應比較激烈，建議隔十五至三十分鐘再餵第二次，不要一心只想要完成投餵，搞得自己生氣、小孩害怕。所以事先要想清楚，「什麼時候投餵藥，自己不會緊張也比較有餘裕」，是需要考慮的唷～

🐾 眼睛滴藥

眼睛滴藥的技巧，網路上有很多影片可以參考，建議家長們可以多看看。我自己想跟大家分享的滴藥小祕訣，就是「從後面來」！

狗狗甜姐是可以正面對決，直接拉眼皮點藥的，但是對於貓咪，我通常會採取快速固定臉，然後在瞬間點好的方式，但必須從動物後方稍微抱住或是夾著固定他。

如果孩子掙扎得很厲害，建議一次點一隻眼睛，不需要一次完成兩邊的滴藥，避免吵架也很重要～

🐾 皮膚用藥

皮膚用藥的部分，必須注意「不要把藥抹在毛上面」！

重點是患病的皮膚，所以當然要翻開毛髮再擦藥。「逆向推開毛」比較容易看見皮膚，順著毛通常只會看見無邊無際的毛。二姐曼玉是長毛貓，在長期打水針的日子裡，我天天都是逆毛推開，才能好好打針的唷～

🐾 防舔頭套

頭套應該也是很多家長的硬傷，因為動物擺脫頭套的各種方法，簡直是挑戰我們的才華邊界！

市面上防舔頭套的款式和材質選擇很多，大家在選擇時，必須要考慮的是：「什麼時候使用」跟「使用多久」？

舉例來說，如果是因為「眼睛感染」或「牙齒」相關問題而需要使用頭套，我建議使用材質稍微硬一點，通常是塑膠製的喇叭頭套（又稱「伊莉莎白項圈」）。尺寸方面可選用剛好能擋住手腳觸碰眼睛的大小就好，寬度不要大到影響活動或進食。

其實就醫時，醫院所推薦的款式尺寸通常不會有問題，但使用問題通常是我們自己解開過一次繩子後，讓防舔頭套變得太鬆，所以我們會覺得要換大一點的，但其實是繩子要綁緊一點，如果會擔心、可以選擇有點彈性的繩子，讓自己比較安心。

如果是「身體型的傷口」，那建議「甜甜圈」款的會比較好，雖然體積稍微大一點，頸部的負擔會大一點，但在隔離上真的比較有效；當然清潔也要注意。如果還是會擔心、建議可以選軟頭套，這也是適應過程中比較好的選擇。

而不管多乖的貓，純粹以魔鬼氈固定的款式我不太推薦，因為非常容易脫落。如果一直都會被撥掉，接下來無論換成什麼款式，毛孩都會一直嘗試去撥開，反而容易發生危險。

建議戴頭套的第一天，家長要在家裡陪小孩習慣，因為視角受影響，會發脾氣、也可能會摔倒，身體已經不舒服了，不要讓他有機會再受傷或是受挫，他們已經很努力在變好，我們也要努力陪他們好～

🐾 打水針（皮下輸液）

補充說明一個比較特別的選項——「打水針」，就是傳說中的幫貓咪打點輸液點滴啦！

針對特殊狀況，我們需要幫貓咪補水，這個齁～家長們自己真的要勇敢。建議可以在醫院多觀察、甚至練習幾次，不管是關於器材的使用或是動物的保定，在醫療人員的協助下也比較不會緊張。

二姐曼玉的最後一段貓生，天天都要打點滴，雖然她可以在我的安撫

打水針的注意事項

❶ 輸液溫度：打水針前，我會注意不要讓輸液太冷，所以會稍微泡一下溫水，特別是在冬天，夏天就比較沒關係。

❷ 入針前：我會稍微按摩揉捏一下孩子的皮膚，讓動物有心理準備，皮膚也能比較放鬆，入針處的皮膚也要記得先用酒精消毒。

❸ 入針時：記得自己的心情要保持平穩不緊張，並且一邊跟動物說話讓他們的心情放鬆。推針的動作要緩慢而穩定，不要一直去摸皮下的水球，以免干擾動物，也可能會造成輸液逆流。

❹ 拔針後：記得用酒精棉花稍微壓著入針處，直到血液凝結不再滲血，千萬不要揉推喔！

❺ 結束後：記得摸摸動物、順順毛髮，讓他穩定恢復。

❻ 額外提醒：請不要經常選擇相同的地方戳針，他們會痛的啦！

下，好好躺在腿上讓我打水針，但是我比較浮誇一點，還是買了專業的機器來輔助施打，所以可以加速施打的過程（說明：有些醫院可以租借專業機器，請多詢問）。

所以在打水針這件事情上，我跟二姐建立的默契是：「躺在我身上不要動」。當然家長們也可以選擇「貓咪感到舒適安心的地方」，後者配合零食或者孩子喜歡的撫摸，都可以加強正向的連結。

🐾 關於供氧或吸入式治療

有些動物可能需要「供氧」的照護。

坦白說這個蠻難的。需要供氧的時候，表示孩子的狀況通常都蠻不好的了，所以家長自己的心情也要準備好。

胖咪好發的淋巴瘤位置在鼻子，所以有一段時間，胖咪需要「吸入式的治療」。這跟供氧不太一樣，是有點像住進煙霧房裡吸霧氣，在她的最後一段日子裡，天天都需要使用吸入式藥物。

　　我那時選用了「立體式衣物收納箱」，是鐵架加上牛津布的款式，所以還是透氣的，但可以有效鎖住水氣。胖咪吸藥的同時，也同時由氧氣機供氧，讓她在裡面治療時呼吸不會太困難，一次大約十到十五分鐘，分兩到三次進行。

　　如果孩子是需要一直供氧的情況，基本上他們的移動也會有困難，供氧的管線需要一直在動物的鼻孔前，這就是我前文所說的～狀況不太好了。此時除了治療以外，家長們也應該用另一種角度，去看待動物當時的痛苦指數唷～

安寧照護，好好說再見

癌症的孩子從一開始，就帶著我們走入單向的無尾巷，他們隨時在提醒我們，「當下的風景就是全部」。

二姐曼玉跟胖咪的安寧照護，是完全不一樣的風景。

二姐的身體處於倒數狀態，日子一天天都可以數得出來，所以每多過一天，我都覺得是賺到。

與曼玉練習笑著說再見

那天早上，曼玉已經不太能靠自己的腳移動了，但是她會跟我說想去那裡，我便幫忙移動她。那天，她選擇待在我的腳邊，她想要手可以摸到我的腳，所以我們一起工作。有時候她會劇烈地抖動一下，然後甜姐就會衝過來，蠻意外的，居然都沒撞上。小枕頭春吉就在桌下跟桌面上來回，隨時跟我說毛毛貓（春吉對曼玉的稱呼）的狀況。

下午我問曼玉要不要上桌給我抱抱，因為她抖得很明顯，我知道她可能癲癇要發作了，一邊想著要不要先去拿藥。然而二姐只是冷靜慢慢地對我說：「我走的時候，要很安靜，我不喜歡別人的聲音，有你的就好了。我想要白天的時候再火化身體，讓我回去該去的地方，晚上我還要跟你睡覺。」我仔細地記住她說的所有細節，然後曼玉又說：「把我的東西整理起來吧，你知道誰需要的。你的心是大的，我也是要分享的，什麼都不用帶走。」

我摸摸她，以便確認她的狀況，看看腹水有沒有持續堆積，然後幫她按摩，並且跟她確認她所交代的細節。那時我還沒想起多年前二姐已經告訴過我的事，然後我繼續工作。中間休息的時候，我感覺到她安靜地叫喚著我，我把她抱桌上，二姐的意識很淡，我感覺她想要我抱著她，所以我用包巾抱著她，讓她待在我懷裡。在我懷中的她，突然身體一陣抖，然後放鬆，看著我。我把手指卡在她的小小肉球裡，她很滿意，接著身體一鬆，

吐出了最後一口氣，一邊看著我，說：「掰掰。」

她要在我懷裡離開。其實她早就告訴過我，在多年以前，那時候我因為害怕（這點我也是蠻像甜姐的），所以沒有認真記下來，但是仔細回想剛才的過程，其實她都告訴過我了。我沒哭，我抱著她，輕輕地確認她的狀況，確認她的意識真的慢慢離開了身體。

二姐說晚上還要跟我睡，所以我們晚上還是睡在一起。春吉小枕頭一直叫毛毛貓起床，我沒有阻止他，他是家中最想念二姐的。因為當毛毛貓跟他說再見的時候，春吉說：「還沒啦！」其他的孩子都了解狀況，並且用自己的方式跟二姐說了再見。

回想在那正式離開的前幾天，我都如常地度過，跟她一起數日子，不糾結在腹水的堆積、不過分在意她進食的量，只是如常地生活，並且維持好呼吸，我們兩個的呼吸，然後練習著一次次、又一次次的微笑說再見。

所以對你而言，「好好說再見」是怎麼樣的風景？

你開始練習了嗎？

胖咪的安樂道別

當然～會動物溝通的好處很多，但是面對胖咪的離世，我就一點都不安寧了。你我皆凡人，心是肉做的，眼睛則是拿來釋放淚水的。

我從小琉球回來就帶胖咪去看醫生，在醫院知道她需要留院觀察，我頭一次在醫院哭出來，然後回家我就確診了。我無法去醫院陪她，而更甚的消息是，「胖咪的衰弱是直線下降」，所以胖咪終於可以回家，是因為「我能選擇的積極治療是安樂。」

回到家的胖咪，邊走邊喘、沒有一步路不喘，所以時刻都要停下來休息。主治醫生兼生父小吳說：「她是回家陪你的。」我一路看著她，短短不到三公尺的路，竟是如此艱難，我的心一直都不安寧，然後胖咪就陷入

休克了。

我慌張的拿起家裡的工具，用我記得的貓咪急救法將她拉了回來，然後我的心開始冷靜下來，認知到：這是你的身體跟我相處的最後時光，我願意服務你的身體，直到我跟你一起甘心放手。所以我們一一打視訊電話給胖咪愛的人們說再見、交代她的愛，然後請安樂的醫生讓胖咪可以不用再喘氣了。

在這段過程中我沒有再哭了，因為我跟胖咪都知道，好的生活來自於好好的活著，如果連呼吸都如此艱難，我們只是在折磨彼此，只是懷抱著愧疚的執念，以為那是感情唯一的樣子。但並不是的，相愛的風景永遠都是保留彈性，持續愛著的，所以我與她的身體告別了。

安寧照護對我來說，必須意識到「你的心，跟動物的一樣珍貴」。

我親愛的家長朋友們，安寧照護必須從我們自己先照顧起。罹癌是一條單行道，陪伴孩子走到盡頭之後，我們還要再回來，所以請從你自己的感受開始照顧起。

我很感謝在這段過程中，我的朋友和醫生們給了我深深的幫助。雖然疾病令我感到窒息，但在我無依的時刻，愛我們的朋友與醫生們，總是帶來微風般的光。我的臉書也是希望創造這樣空間的存在，所以請不要讓疾病成為你的責任，家裡的動物生了病，是因為我們是比別人更為堅強的家長」我們可以承受得更多，所以孩子選擇與我們勇敢相愛，要謝謝這一段不易的旅程。

給家長的最後建議

關於面對毛孩罹患癌症的時候，我想說：「在了解所有利害關係之後，其實家長是有選擇不治療的權利。」

在台灣有個明顯的困境就是，我們雖然有一些可選擇的醫療方案，但是並不多，而且費用驚人。而以治療的最終結果來看，所謂的「好」，通常是有品質的告別，而非真正的痊癒。

所以我想要很真心、也很坦白的說在前頭的是：「身為家長的我們，有選擇不治療的空間。」所以請先照顧好自己，才能為彼此的生活做出最好的選擇，你能快樂的陪伴孩子才是最重要的。沒有一個動物願意成為家長的負擔，你的痛苦勢必也是他的憂愁，所以不管你會不會動物溝通，你應該都能感覺到，他跟你是一起受苦的。所以請記住你是有選擇的，而我們終將選擇最適合彼此的方案。

另一方面，如果你選擇積極醫療，我想先邀請你好好跟醫生談談。你的腫瘤科醫師很明瞭接下來的生命旅程中，變化將跟意外一樣多，所以如果你需要比較多的支持，請選擇自己心情上更信任、更容易獲得支持的醫生，因為腫瘤發病的過程中，我們將深刻體會到「努力可能是一種口號」，不論投入多少金錢或時間，不退步竟然是已經深深安慰我們的進步，而突如其來的變化，總會在瞬間送我們去谷底。

所以請讓你的醫生、讓你的朋友安慰你，不要因為病情的起伏而討厭自己或否定自己。這段旅程本來就不是康莊大道，我們願意走、甘願流淚，也是一種練習唷！所以請找一位你信任的醫生，讓他／她好好陪伴你，練習相信而不是過分依賴，你的動物小孩也會因為你的堅強而勇敢的唷！

胖咪紀念文

「有愛大聲講」粉絲專頁
安樂死相關討論文章

第六章

爸爸寫給谷椎的情書

重新看到勇氣的模樣

重新看到勇氣的模樣

那時候的我，沒來得及體會與生病共存是什麼意義，
只是讓崩潰的情緒帶著自己走。
這一回，
我很謝謝小吳和谷柑一起領著我再走一遭，
讓我重新看到「勇氣」的模樣。

身為家裡的長工，日常工作清單多了回診

雖然在谷柑心中的最愛是媽媽，雖然在他願意開口叫我爸爸之前，我只有「欸」、「那個」這兩種代號，但谷柑真的是很完美的模範生貓咪。

谷柑媽總笑稱我是家裡的「長工」。因為谷柑會在每天清晨六點固定上床，就靜靜踩在我身上，不吵不鬧，只是站在胸口上看著你，直到我受不了那種「壓力」為止。接下來，就是展開為他準備早餐、鏟屎、播放他喜歡的音樂、隨季節變換為他打開冷氣或暖氣、視他的需求準備點心、帶他出門開車兜風……等種種長工日常。

我當然會在嘴上抱怨，畢竟勞累的事都是長工在擔，但溫暖的抱抱蹭蹭與示愛，卻都是給了谷柑媽，但那也只是無聊的說嘴。我只是沒想過，帶他上醫院、回診追蹤，竟然也成了我這長工的工作項目。

回憶海嘯來襲，複雜不甘的心情

確認谷柑身體有狀況後，我一直想起已經離開的椪柑。

她是谷柑的妹妹，在 2015 年 4 月因為腹膜炎離開了我們。

在她當年從確診到離開的短短的日子裡，因為谷柑媽出差，幾乎是我一個人在面對。每一天，我得來回家裡、辦公室與醫院，還好有我們家（貓咪）的家庭醫師老王。

老王是我們家自有貓開始，由春花媽介紹給我們的好醫師。他很斯文細心，尤其在面對家屬講解病情的時候，總可以感受到他的設身處地，椪柑那時腹膜炎的主治醫生就是老王。隨著病情發展，一路聽完老王分析著因病情變化已越來越少選擇的治療方式，我總是得忍著情緒回家消化這一切，因為不得不正視的，是椪柑生命的倒數計時。

每次回到家之後，我只能趕緊清貓砂、放飯以及整理家裡，最後才能坐下來整理自己。因為看完椪柑的情緒，就如同她的腹水一樣，越積越多，卻又找不到方法讓它流出來（也是不敢吧），只能透過不斷的大吐氣緩和心情，然後坐在沙發上，強迫自己腦袋清空。因為只要多停留在剛剛醫院的畫面，情緒就會像是掉進黑洞一樣，一直沉下去，很沉，完全沒有聲音的那種。

那時，還是叫我「欸」的谷柑，會展現出對我難得的貼心，他會很聽話的吃完晚餐，接著跑到我的腳邊，像是安慰，也好像他有話想跟我說，只是那時還不會動物溝通。看著他翻肚、頭蹭以及跳上沙發陪著坐在一旁，就這樣過了一段時間，我才能不知不覺的睡著。

那樣複雜不甘的難受感覺，在多年後又隨著谷柑不尋常的嘔吐、確診而出現了。

開啟治療第一步：相信醫師，谷柑有了新的獸醫朋友—小吳

谷柑一直以來對男性都有很重的戒心，這與他過去流浪的貓生有關。根據谷柑回憶，當時的男主人對他有很多不好的對待，因此，只要遇到男性，他都會想要躲避，總是溫順的他也會出現反抗的舉動。

這一點，連一直溫柔細心幫他看診的醫師老王也逃不過。還記得某一次觸診時，老王一時疏忽沒先跟谷柑預告，讓谷柑嚇了好大一跳，後來還不忘跟乾媽告狀說：「他是陰險老王！」

身為長工，我盡量一直記得谷柑的需求，否則最後倒霉的一定是我（苦笑）。記得當時決定找上小吳醫師時，我心底確實有點擔憂：「怎麼辦，是男的，谷柑不喜歡男性啊！」

第一次會面，我們有很多很多的問題，但小吳的專業徹底說服了我。記得最清楚的是，他說：「很多家長問的問題其實不是在追求醫生的答案，而是他自己想聽的答案。但腫瘤這樣的治療，相信醫生是很重要的，按照步驟來將病情穩定。」

儘管不願意，也知道這是很八股的問題，但我仍不得不問：「還能多久？」相信這也是每一位家長遇到這樣的病情時，心中揮不去的一道陰影，而且如影隨形。雖然有時候會因為心底黯淡無光而暫時看不見它，但一旦浮現那影，卻又像烙印般的隱隱作痛。

「惡性腫瘤如果快的話三到六個月，不過一般統計的中位數約兩年，但也有控制到很久，最後動物走的原因並不是腫瘤。」但小吳也強調，如何在治療與生活找到最好的平衡點，是最重要的，也因為這樣的想法，我們和他有了一樣的共識：「不論如何都要好好生活」。

谷柑在回家的時候跟我們說：「我覺得小吳醫生會是我的朋友。」

當回診、吃藥成了新日常，依然要有最好的生活品質

一開始面對回診的結果，總會被波動的數值牽動心跳，高一點，低一些，我都看得膽戰心驚，深怕有什麼不對勁；然而透過小吳的解釋我才逐漸明白，那都是治療的過程。一來，每種藥都有其特性，而身體器官同時也都有自我防禦機制，有時候必須透過示弱來換取某些程度的藥物攻擊；二來，我們的治療追求的不是「回到最初」，而是日益穩定的身體狀況，

這是很重要的想法，尤其是在每次病情起伏、需要更換一些藥物的時候，是這樣的信念基礎，讓我們朝著同一個方向前進，讓谷柑的身體狀況日漸得到控制。

通常，谷柑血檢報告出爐時會有許多指數的呈現，關於紅白血球、營養指數，以及後來增加的腎臟指數追蹤。小吳每一次都會很細心的解釋，而我也慢慢瞭解到，指數不可能一直都是正常。貓會老，身體器官也會跟著老化，在接受藥物治療的同時，這就是必經的路程。因此，面對波動或是不合格的數值的時候，醫生專業的判斷與解釋就是家長們很重要的靠山。我必須坦承，一開始的心態是一直抱持著「會不會好」，於是每一次血檢都是一種壓力，漸漸地我才學習到：「健康的老化」，是另一項更重要的功課。

每一次谷柑回診，我都會跟著看超音波畫面，當身體內部的影像看起來逐漸穩定後，血檢報告就是最重要的線索：白血球的多寡代表藥物在體內打仗的狀態，腎臟指數要觀察因為藥物與老化造成的腎臟狀態……等。數值有時會起伏，然而透過小吳的解說，我才知道：光是一項腎臟指數偏高，就有很多原因，不一定非得用藥物來控制，有時是身體內的反應機制造成，有時是因為飲食影響……。說實在，我覺得我們真的很幸運能遇到小吳，而每一次的回診談話，都是學習、都是安慰，谷柑的病情能得到穩定的控制，也是有賴小吳。

治療到現在，谷柑的腎臟因為藥物、老化等影響，也到了需要控制的階段。之前為了讓他增加食慾，曾讓他吃燙熟的無毒養殖蝦，無奈他真的太愛吃，吃得有點過多，最後也增加了腎臟的負擔，於是開始需要控制飲食，只能吃固定的腎處方食物，也不能吃肉泥與肉乾，愛吃零食的谷柑瞬間生活少了樂趣。意想不到的是，後來好友拿了一塊上好的牛肉到家裡，我試著乾煎給谷柑，他埋頭猛吃並且吃個精光，後來問了小吳，谷柑目前的狀態是否適合吃牛肉，得到的答案是：可以，但要適量。

因此「好吃的牛肉」成了每次回診後的犒賞，更沒想到的是，他開始挑好吃的部位，以及昂貴的肉種（苦笑）。

長工我一定會努力賺錢，畢竟，維持好的生活品質一直都是我們希望給谷柑的。擁有好的生活品質，就會有好心情與好食慾，當然也就有充足的體力配合治療。我一直這麼深信著。

無法逃避的人生作業

治療過程中，小吳與我們追求的都是穩定，但在腫瘤逐漸被控制後，我更私心的希望：什麼異狀都不要看到了。只是，那是不可能的。

在藥物和年歲的影響下，谷柑小腸附近的淋巴結有了變化，膀胱與膽的邊緣有了些許不平整……，我知道，這都是不可逆的改變，和人一樣。

不過這些變化是有波段的。一次次的面對中，我獲得了許多也許可以稱之為「生命的啟示」？或者說，明白了一些生命的意義？記得有一次，小吳發現谷柑的腎臟邊緣有了變化，經過一段期間的觀察，小吳確定那不是腫瘤的轉移，這時谷柑發問了：「我是不是老了？」

小吳：「哈哈，你吃了那麼多藥才意識自己老了啊……」

谷柑：「老了是不是不好？」

小吳：「老了沒有不好，只是要多注意一些事情。老了也有好的地方，會經歷更多事，也找到很多事。」

生病這件事，我還是無法說好事還是壞事，因為生命的終點最終就是導向離開，不論我們健康與否，一定都會走到這一步。只是因為「生病」，有了一股強制的力量，讓你再也無法逃避這一項人生作業。

每一次就醫都是一場美好的約會

「我建議你要找女生來幫忙抓著谷柑抽血！」別忘了，谷柑是懼怕男性的，因此在就診一開始，我就跟小吳提醒過，若有必要抽血或協助檢查，千萬一定要找女性來幫忙。

有一次回診，醫院實在很忙，小吳也忘記這樣的特別叮嚀，找來了一位男醫助幫忙抽血。本想谷柑總是乖巧有加，這次一定也沒問題，但當男醫助伸出手要抓住谷柑時，谷柑瞬間像是彈簧被啟動一樣，硬是彈開了，瞬間，所有人一愣，隨即大笑，真的不能是男性啊！

之後小吳就牢牢記住，甚至找了同樣身為醫生的太太──小君一同來幫忙，只是沒想到，這竟開啟了一段甜蜜的關係。由於小君溫柔又細心，總是好言勸慰谷柑，還加上不斷稱讚，甚至還會幫忙谷柑準備好看顏色的緞帶，讓谷柑貓心大悅……

從此，谷柑回診都抱著期待的心情，要穿著好看披風或配戴好看的領結，會在乎身上的毛有沒有梳整齊，耳朵、眼角有沒有乾乾淨淨，甚至，他還希望挑選小君也在醫院看診的時間回診。最誇張的是，每次回診時的固定觸診時間，若有小君在，谷柑就顯得穩定，若小君不在，原本因為空腹檢查的臉會更臭，反差超明顯。我想，不清楚的人會以為小君才是谷柑的主治醫生，小吳每次也只能跟著我一起苦笑。

谷柑這位患者的「特殊要求」，應該是在醫院傳開了，後來每次回診，都會吸引許多女醫助主動來幫忙。最誇張的是，有次甚至一口氣就湧入三位女醫助幫忙抽血。欸，等等，這是醫院，怎麼谷柑把這裡當作約會的咖啡廳了呢！

每一次的追蹤就診，每一次的血檢與超音波，就像開驚喜包

相較於谷柑媽，我的工作時間很彈性，因此除非是出差，幾乎每一次都是我載著谷柑往返家裡與醫院，而每一次的往返，心情都很不一樣。回

診途中，一邊看著谷柑享受車上的兜風時光，一邊卻仍擔心身體是否又有變化；返家路上，則經常是帶著輕鬆的心情，一邊想著晚餐該如何犒賞繼續在車裡跑來跑去的谷柑。

每次回診，基本需要的工作有：抽血、聽血檢報告、觸診、量體重、超音波檢查，每次大約都要花一到兩小時才能完成。對我來說，有兩個橋段總會緊張：一個是聽血檢報告，另一個是超音波檢查。血檢報告主要觀察是紅白血球與腎臟指數，尤其腎臟指數關係到身體對藥物的反應，也關係到食物攝取，影響層面是連動性的。超音波更是直接，每次都有賴小吳細心的探勘追蹤，對每一處的淋巴組織展開嚴密觀察。

其實，每一次回診就像是開盲盒一樣，每次的檢查報告有沒有「驚喜」，成了最讓人在意的事。當然，我指的是不喜歡的驚喜，我只想要穩定，只想要谷柑一切平安。後來的我，也養成了每兩週會繞去關渡宮拜拜，求虎爺保佑的習慣。

有意思的是，谷柑每次回診回家，荳荳也會上前檢查，經常是嗅嗅聞聞後，大吼個一、兩聲，接著轉頭就走。我知道，這是荳荳表達關心的方式，因為她也覺得哥哥很勇敢，要對抗身體裡的黑黑（黑黑，是荳荳稱谷柑身體裡面的腫瘤）。她很想幫忙一起趕走黑黑，但卻總是搞得自己很急躁，最後只能任性的亂吼。

經過這一大段歷程，我的結論是：生命真的不要驚喜，平安最好。還有，貓真的不要太瘦，生病了才更有本錢對抗！

我們都不完美，但我們擁有彼此

黑黑，是我們家的貓對身體內壞東西的稱呼，有時他們覺得我與谷柑媽身體裡也有黑黑，但不是真的生病，是情緒的蔓延。

面對身體內的黑黑，其實谷柑也曾灰心過，因為他發現身體的黑黑是除不掉的，會變淡，但不會不見。其實我一開始不知道怎麼跟他解釋，

為什麼黑黑不會不見，後來想到以自己的身體狀態——遺傳性高血壓的案例，試著跟他說明。我告訴他，我們的身體本來就不完美，但是我們可以生活得快樂，那是我們可以控制的，和身體共存是一種學習。我們或許太習慣所謂的「治癒」或是「健康」，但其實我們可以追求一種讓身體處於平衡的快樂。本來，身體無時無刻都在與外界的病毒或細菌打仗，我們可以做的，就是顧好體重，好好睡覺與吃喝拉撒，把身體照顧好，維持好的戰力，就能和黑黑共存。

這一點，谷柑適應了很久，因為他是一個追求完美的「好學生」，跟他媽媽一樣。而他爸爸我，從小就不覺得「完美」是一種美，功課不會寫就不會啊，考試考不好也不是我有問題，是老師出的題目我剛好不懂而已……。所以谷柑經常認為我從來不好好說話，因為我沒有做到他認為的「完美」，但「完美」也讓他無形中產生很大的壓力。藉著生病，我們一起學習「生病」不是不完美的錯誤，尤其對照顧者的家庭來說，「生病」往往不是誰的責任。「身體」這個戰場本來就有輸有贏，輸了，就好好面對，繼續幫助身體打仗，這才會是所謂的「健康」。從谷柑生病開始，我漸漸理解了這件事。

當然，最重要的重點是我們遇見了小吳，他讓我們了解什麼是「生病」。有些病會好，有些不會好，學習共存，是有效治療的第一步。相信醫生是很重要的。

曾經，我們因為椪柑經歷過很絕望的腹膜炎，絕望到只存在一種等死的茫然。那時，每天看著椪柑日漸消瘦，雙腳雙手因為不斷打點滴，已經快要沒有地方可以下針，而上一處還沒乾的藥水，就那樣黃黃的留在很瘦很瘦的四肢上……，那是很痛苦的回憶。後來我也回想，那時我的崩潰，一定讓正在努力的椪柑感到難受，尤其是到了最後，我必須要為她做一個不得不的決定：安樂死。

椪柑之於我的意義，實在很特殊，至今我仍印象深刻，因為相較於谷

柑鮮明的「媽寶」角色，椪柑妹妹就是屬於「爸寶」。哈哈，一貓一人，很公平，不用搶。

我記得，剛到家裡的椪柑妹妹一歲不到，卻沒有太多陌生害怕，因為谷柑很照顧妹妹，會幫忙蓋貓砂、約她一起吃飯，天冷還會抱在一起睡覺。或許是這樣的溫暖陪伴，這讓天性有點「恰」的妹妹也開始學會溫柔撒嬌。她會趴在我背上，陪我一起耍懶玩手機或打電動，有時候一起看著，有時候她會瞇著眼休息。想想，有這麼樣一隻可愛的小貓趴在身上陪伴，這樣的體會是多幸福、多甜蜜啊。

我也記得，剛回家的椪柑，被同胎的姐妹們傳染了球蟲，有一陣子必須每天吃驅蟲藥，那實在是很難吃的東西。瘦小的她，為了不被逼吃藥，最後學會鑽進沙發底下躲，讓我們無計可施，最後也不知道哪裡來的想法，只好轉頭跟谷柑說：「妹妹生病了，要吃藥，妳跟妹妹說『出來吃藥』好嗎？」

其實那時我們都還不會動物溝通，卻只見谷柑挪動了身體也鑽進沙發下，沒多久，兄妹倆就一起從沙發底下爬了出來，讓我跟谷柑媽又驚又喜，最後也順利吃了藥。後來，她順利痊癒，沒多久卻又患了感冒，再後來，就是腹膜炎上門了……。我真的不懂，為什麼疾病要接二連三找上瘦小的她？

椪柑的生病與離去，還有我最後為她下的決定，一直是我心裡的一塊烏雲，我甚至無法好好跟谷柑或谷柑媽聊這一段。我也一直記得，椪柑的最後兩晚，醫生離開了，只剩下我和她，我和她說了很多話，椪柑也一直喵喵叫，似乎是在回應我。其實，我當時有錄下椪柑的聲音，卻再也提不起勇氣來聽，因為我害怕聽到的是自己對自己的譴責與懦弱。

很久以來，我不再想起這一段，這一回，是因為谷柑，我開始願意回想，也記錄了下來。當然，後來雖然可以透過溝通與椪柑說話，我卻不太

敢問，當我最後替她決定安樂時她的想法……

　　也因為椪柑的遭遇，面對「生病」，我總會不自覺地逃避，包含了一開始谷柑的嘔吐，我一直不敢往最壞的狀態去想，甚至內心有許多「合理化」的藉口。在椪柑之前，我們沒有任何陪伴毛孩子走過重大疾病的經驗，卻又面臨了腹膜炎這樣的病症，即使當時有一些不被證實的治療方法，但一聽聞又要讓椪柑不斷地打針，我實在不想再讓椪柑受苦，內心的進退兩難與痛楚，就像與火車迎面對撞，撕心裂肺。

　　時過境遷後冷靜回想，其實當時老王從醫師的專業，已說明當時椪柑的情況早已超過貓可以忍受的程度：病毒已經入侵到腦部，顫抖到連站都站不穩。

　　我太不忍心讓她離開，卻更不忍她承受這麼大的痛楚，因此，最後能做的，就是讓她舒服地離開，然後讓很愛曬太陽的椪柑，永遠在家裡陽光最多的角落陪著大家。

　　那時候的我，腦子裡只有悲傷與自責，我沒來得及體會與生病共存是什麼意義，只是讓崩潰的情緒帶著自己走。這一回，我很謝謝能遇到小吳，很謝謝谷柑領著我再走一遭，是他們，讓我重新看到「勇氣」的模樣。

你們喜歡谷柑現在的樣子嗎？

谷柑喜歡，

你們也可以喜歡唷！

獻給永遠的小太陽・谷柑

貓詩人谷柑的抗癌旅程

犬貓腫瘤科醫師吳鈞鴻、春花媽攜手協助家長面對毛孩疾病，
從醫療到居家照護的全方位癌寵指南

作者　　　　谷柑・谷柑媽・谷柑爸・吳鈞鴻・春花媽 合著
攝影　　　　谷柑爸
專業審校　　吳鈞鴻
選書　　　　春花媽

編輯團隊
美術設計　　Zooey Cho
內頁排版　　簡至成
責任編輯　　劉淑蘭
總編輯　　　陳慶祐

行銷團隊
行銷企劃　　蕭浩仰・江紫涓
行銷統籌　　駱漢琦
營運顧問　　郭其彬
業務發行　　邱紹溢

出版　　　　一葦文思／漫遊者文化事業股份有限公司
地址　　　　台北市松山區復興北路331號4樓
電話　　　　（02）2715-2022
傳真　　　　（02）2715-2021
服務信箱　　service@azothbooks.com
漫遊者書店　http://www.azothbooks.com
漫遊者臉書　http://www.facebook.com/azothbooks.read
一葦臉書　　www.facebook.com/GateBooks.TW
營運統籌　　大雁文化事業股份有限公司
地址　　　　台北市松山區復興北路333號11樓之4
劃撥帳號　　50022001
戶名　　　　漫遊者文化事業股份有限公司

初版一刷　　2023年10月
定價　　　　台幣480元
ISBN　　　　978-626-96942-6-6

書是方舟，度向彼岸
www.facebook.com/GateBooks.TW

一葦文思
GATE BOOKS
f　一葦文思

azoth books
漫遊者
漫遊，一種新的路上觀察學
www.azothbooks.com
f　漫遊者文化

遍路文化
on the road
大人的素養課，通往自由學習之路
www.ontheroad.today
f　遍路文化・線上課程

貓詩人谷柑的抗癌旅程 ：犬貓腫瘤科醫
師吳鈞鴻、春花媽攜手協助家長面對毛
孩疾病，從醫療到居家照護的全方位癌
寵指南/谷柑・谷柑媽・谷柑爸・吳鈞
鴻・春花媽 合著. 谷柑爸攝影 -- 初版.
-- 臺北市 ：一葦文思, 漫遊者文化事業
股份有限公司出版, 2023.10
176面 ；17X23公分
ISBN 978-626-96942-6-6
1.CST: 貓 2.CST: 癌症 3.CST: 寵物飼養
437.364　　　　　　　　112015847